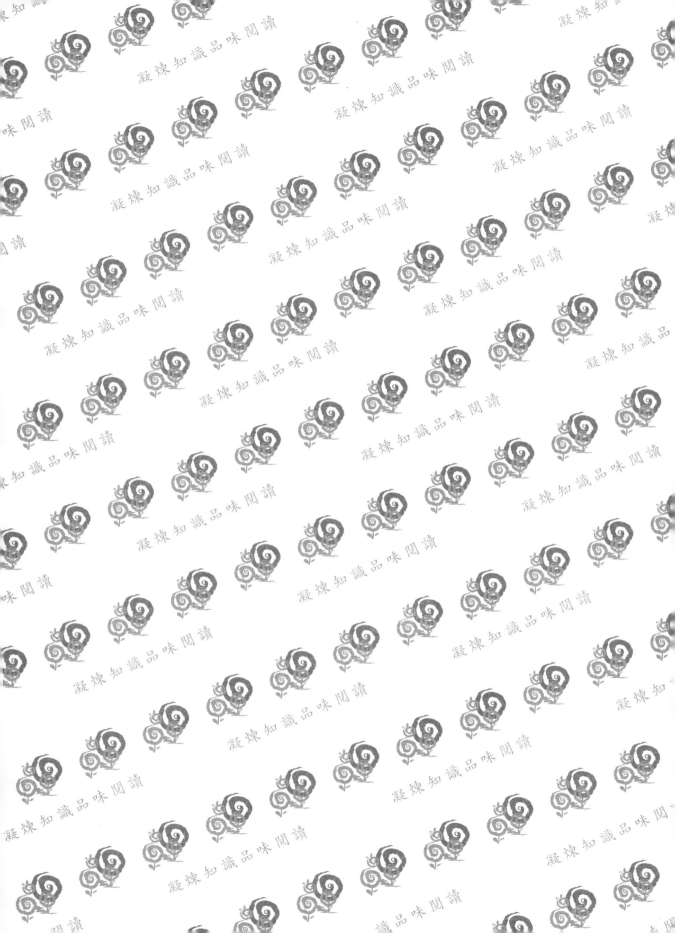

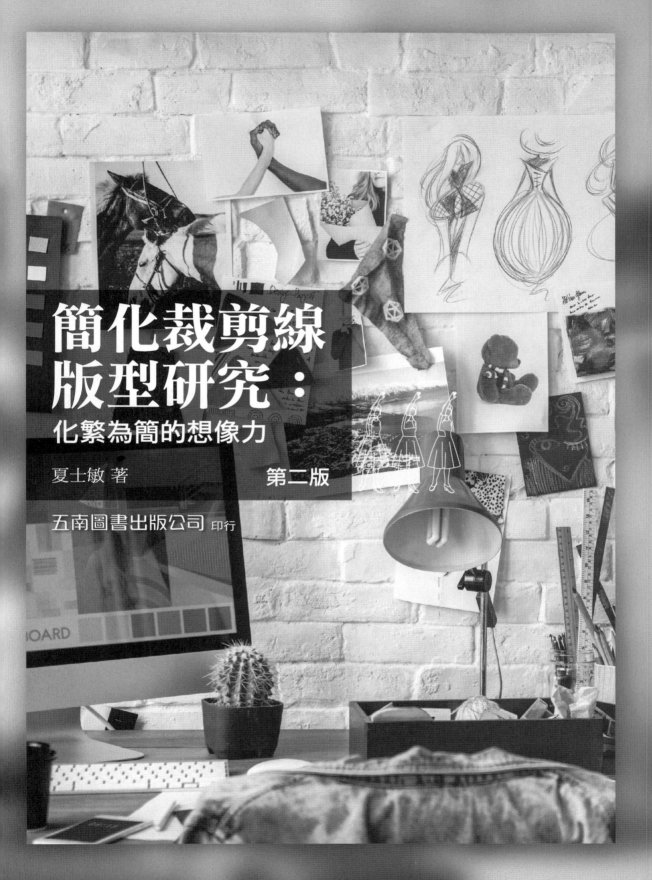

簡化裁剪線
版型研究：
化繁為簡的想像力

夏士敏 著　　　　第二版

五南圖書出版公司 印行

推薦序 「單接縫立體結構」的傳承

中國的服裝設計線條簡單獨特，動作方便是機能上的優點，從皇帝龍袍、百官朝服到平民百姓服裝都呈現高度的服裝文化水準。明朝以前的「交領」是歷史上最早包護脖子的高明設計，漢族百姓傳統的常服「深衣」，也流傳到東方，被日、韓兩國模仿成為國服。旗袍是滿族傳下來的民俗常服，有舒適、耐看、實用的特色，從三百年前清朝的寬鬆袍服傳到現代變成中國代表的合身禮服；跟隨西方流行，以洋化線條製成的合身旗袍，好看卻不好動，忽略了人體活動的需求，且不適用於日常服，民間的穿著者逐漸減少。這樣的演變過程遺忘了穿著上舒適無壓力的實用價值，對層次很高的傳統中國服來說，實在可惜。

四十多年前，很多旗袍訂做師傅不懂得人體工學，也不會變通改進，製作的旗袍無法應付日常生活的動作，特別是背寬處的活動量不足，若要具備機能性還要補布修改。於是我以「可以穿著旗袍打球」為目的，改善旗袍的機能性，用西式打版的方式與人體工學的架構來裁剪旗袍，並於國際服飾學會在日本東京舉辦的年會上發表「機能化旗袍裁剪」。

之後在國內陸續辦理講習會，對服裝科系的教師們推廣與示範實作，在此過程中逐漸醞釀出「單接縫立體結構」的各種變化裁剪技術。在符合人體工學的前提下，製作合理、合體且具機能性的服裝，版型的簡化將布料沒有浪費地完全利用，也更具有經濟的價值。

但是多年推廣下來，由於參與者都是從頭開始接觸，講習會的時間有限，只能介紹幾款基本樣式，參與者都只有走馬看花式的學習。講習會一再地重複基礎論述，沒有辦法讓這個技術普及，學習者也無法深入研究變化，更遑論開花結果、發展流傳。「單接縫立體結構」的裁剪方法是以深厚的學理為基礎，合理地將服裝裁剪簡化，想要學習這門功夫並發揚光大，應該深入了解學理基礎，在既有的基礎上嘗試、創作、改進、變化，然後才能突破與創新。

夏老師在高雄跟隨我參與課堂授課多年，對「單接縫立體結構」裁剪極有興趣，並長期對此專心研究、製作，非常用功。她深入了解並掌握裁剪的要點，將新的觀念帶入裁剪的方

法中，在開發研究新的創作上很有成就。夏老師在實踐大學高雄校區任教，在教與學上有很大的發揮空間，對於這門技術的傳承我寄予厚望。

　　服裝的「簡化」與「機能化」是很值得研究發展的方向，好的技術就要開放給有興趣的人研究，學問如果藏著不給人學習，過完這一世就沒有了，唯有一代一代將新的概念加入作改進，才能源源不絕、日益精進，一直傳承下去。

　　感謝我的學生們為服裝「簡化」與「機能化」精進所作的努力！

施素筠

2016年12月16日

自序 「簡化裁剪線」的緣起

教學三十年，常被學生問到：「我想用無彈性的布料製作合身的衣服，但是褶線會破壞整體的設計感，可以完全不車褶子嗎？」我總是回答學生：「無彈性的布料沒有褶子是不可能做到合身的，你們是在做平面的思考，沒有立體的概念。」雖然話說如此，心中也不免思索著這種「不可能」是否可以突破？

我的老師施素筠教授亦經常感慨，學生們的設計以追求最佳的造型效果為導向，服裝流於好看不好穿，沒有活動機能性的考量，只適合展示於舞台。服裝設計的目標應回歸貼近於生活，日常穿著可以有最佳的機能性與舒適性，發揮「簡」與「儉」的美德，讓大眾都可受惠。

施素筠教授於民國80年代即發表並推廣「單接縫裁剪」技術，其特色為將服裝的裁片簡化，以最少的接縫線，追求最大的機能性。也就是以省工、省布的概念，將一片布以簡易兩三刀裁剪的方法，只要一條接縫線車合起來就可完成衣服。這樣的裁剪方式，不僅減少布料的耗損，還可節省車縫的工時，大幅降低生產成本，提高市場競爭力。

民國104年，在施素筠教授的監修指導下，我將「單接縫裁剪」的服裝版型，結合現今流行的版型風格，完成《單接縫裁剪版型研究》一書，將此技術經由教育向下扎根，希望讓「單接縫裁剪」技術得以發展普及。

以單一裁片裁製衣服，就寬鬆式服裝的展現是極為容易；但是針對合身款式的服裝卻有難度，在製版的專業度上有更高的要求。「單接縫裁剪」在簡化接縫線的同時也保有服裝應有的機能性，是一項極具有價值與貢獻的打版技術，但合身版型的設計發展仍受限於上半身，並有縫製技術上的難度。如何突破技術限制、發展下半身版型變化，是值得深入研究的課題。

身為一個服裝教育工作者，有幸能承大師之啟發，在課堂中與同學們共同習作「單接縫裁剪」服式，深入研究版型的線條，並作調整與修正。從做中學，我嘗試跳脫「單接縫裁

剪」固定於上半身服裝結構的形式，延伸運用於連身式的合身服裝。

　　再從《單接縫裁剪版型研究》出發，《簡化裁剪線版型研究》在版型設計上有了更多的變化，不僅去除衣服裁片中多餘的裁剪線與縫合線，保持布料的完整性，還能展現服裝合身優美的線條。就穿著者而言，身體所承受衣服的重量減輕，還有適應身體動作的最佳機能性。這類服裝延續了「單接縫裁剪」節省製作工序與用料的優點，也突破了我自己長久以來「合身的衣服一定要有褶子」的思考。

　　好的技術與理念，要傳之其人，但無需藏諸名山，感謝施素筠教授的提攜與無私地教誨，讓我們這些後輩能有精進的方向，亦可嘉惠新一代莘莘學子，敬祈先進不吝指正。

夏士敏

2016年12月26日

 CONTENTS

　　現代服裝的發展瞬息萬變，成衣製造業者整合上游的紡織生產業與下游的零售通路業，在短時間內就可將商品提供給消費者，這樣的產銷模式使得平價成衣崛起。講求速度的平價時尚，以低廉的工資與高效率的物流，降低商品的成本並縮短成衣製造的週期，改變了流行的速度與消費者的心態。但愈來愈多的訊息顯示成衣的「平價」來自於「人力壓榨」，「快速產銷」的商業策略使得衣服的汰換速度加劇，形成「資源浪費」。面對這樣的產業改變，能有一種節省人工勞力與資源的生產技術方法是可期待的，也是必要的。

　　從服裝版型的改良來減少布料的耗損、節省生產的工序以達到降低成本的目的，正契合今日平價時尚講求快速的需求，版型線條的「簡化」應為版型改良極佳的手段。這裡將「簡化」定義為：在服裝立體結構不變的原則下，減少版型的裁片數與裁剪接縫線，並要達到服裝合身且滿足人體日常活動不受衣服約束的機能需求目標。

　　在服裝立體成型的過程中，二度平面的布料需藉由褶線或剪接線才能做出符合人體曲線的三度立體空間的衣服。在傳統版型設計概念中，衣服版型合身的過程要去除多餘的鬆份追求美觀性，人體的活動就會受到限制而降低機能性。在衣料沒有彈性輔助的狀況下，不做褶子與剪接線就無法做出合身的衣服，衣服的合身度要求愈高，所需要的褶線或剪接線就會愈多。合身式的連身衣也只能做出窄襬裙型款式，寬襬裙型款式一定要依賴多裁片式版型組合。傳統版型設計的方法有許多限制，阻礙了設計創意的發揮，希望「簡化裁剪線」版型的研究可以改變版型設計中固有的框架。

　　本書從服裝演變的歷史脈絡中，探索服裝結構變化的軌跡，並從服裝立體化的過程中，思考衣服與人體的關聯性。以單一裁片構成的服裝版型為基礎，尋求合身服裝簡化裁剪線條的方法。為讓學習者更容易了解，由傳統打版的架構導入服裝版型簡化的過

程，進一步提供結合立體裁剪的版型來製作新概念。

　　第一章從服裝發展的歷史來了解服裝結構演變的過程，以開啟一個新的版型思考模式。選擇服裝史中代表性的服裝，從版型的觀點重新繪圖、聚焦於結構，著眼於版型的架構，避免被龐大的史料模糊了方向。另外以國外出土的實品與研究考證資料為重點，從版型的觀點將服裝以結構做分類說明。擷取服裝結構演變的時間為自服裝的初成型到服裝之衣、袖成為分開裁片的多片式裁剪架構出現；服裝的名稱為避免音譯中文產生混淆，一律以原文名稱標示。

　　第二章「簡化裁剪線」的學理基礎源於「單接縫裁剪」，使用日本文化學園大學的「文化式原型」（成人女子用原型）。在《單接縫裁剪版型研究》書中的第二章與第三章已做詳細的論述，所以不再重複人體結構與原型、服裝版型關係的研究。但是「簡化裁剪線」的架構，為服裝基礎版型與「單接縫裁剪」版型的結合運用，因此依據個人的經驗將基礎版型概念的重點以圖例說明，讓學習者可以明確地了解服裝成型的方法與版型設計變化運用。

　　第三章介紹跳脫傳統版型結構、以立體裁剪的概念來簡化裁片或裁剪線的服裝變化版型，特別針對設計師已發表的「一片構成」服裝裁剪版型之特色與優缺點做解析。這部分的版型蘊含了高階的版型製作技術，版型的線條變化複雜不易了解，故於每張版型皆套入「文化式原型」助於辨識版型線條與人體結構的相對應位置。

　　第四章「簡化裁剪線」的最終目標為立體合身式的連身衣版型製作，從「文化式原型」的褶線簡化導入裁片簡化的方法。將「簡化裁剪線」裁剪法的製圖原理做詳細圖解，並涉及下半身裙褲版型的簡化。本章版型創新的技術方法，皆已通過專利的認證，為合身式服裝版型設計提供一個全新的方向。

　　第五章運用「簡化裁剪線」裁剪法的立體合身式服裝版型做設計變化，並與設計師已發表的實際範例比較版型的差異與重點說明。若能掌握各種裁剪法版型製圖的基本技術要領，便可運用排列組合的方式，創造出更多樣化的款式，激盪出新的服裝風格樣貌。

　　本書所使用的相關專業名詞界定、解釋如下：

1. 無結構的服裝：不需打版、裁剪、縫製程序，衣服以一整塊布料運用圍裹、捲繞的方式穿著，可能利用繩或釦做固定。

2. 平面結構的服裝：經過簡單的裁剪及縫製工序，以套頭或前方開口的方式穿

著，衣服是以直線或簡單弧線拼接的方式構成。服裝的特點是結構單純，完成後的衣服仍可以整個攤平、平放。

3. 立體結構的服裝：經過打版、裁剪、縫製程序，使平面的布料可表現出立體的外觀，符合人體的凹凸曲面，衣服多以曲線拼接的方式或採用多裁片縫製的方式構成。服裝的特點是結構複雜，完成後的衣服無法整個攤平、平放。

4. 服裝版型：根據人體尺寸製作可供裁布用紙型，紙型取得方法有立體裁剪法與平面製圖法。好的版型在結構上要能符合人體活動的基本需求，必須了解人體的體型與衣服尺寸的關聯性，才能畫出理想漂亮的衣服版型，展現漂亮的人體曲線且穿著舒適。

5. 平面製圖法：以身體各部位的測量尺寸導入數學公式，將立體化的人體形態透過計算轉化為展開的平面版型。

6. 立體裁剪法：將布料直接披掛在人體或人檯上，直接依照設計圖裁剪出衣服樣式，再將布料裁片展平拷貝為平面版型。

7. 打版：以平面製圖法繪製可供裁布用紙型的製圖過程。

8. 裁片：由依據裁布的紙型所裁剪的布片。布料包覆面的立體幾何轉折處愈多，裁片也愈多。例如上半身有脖子與身體的曲面轉折、手臂與身體的曲面轉折，上衣的裁片就分為前身片、後身片、領片、袖片。

9. 褶：因應身體曲面產生的差數，差數的大小與位置影響褶子份量多寡與長短，褶尖指向的位置就是身體的凸面。褶為服裝版型立體化所必要，依照身體立體位置不同，分為肩褶、胸褶、腰褶。其中胸褶為女裝製作胸部曲線最關鍵的因素：胸部愈高挺，立體曲面愈凸，差數愈大，褶的份量愈多。

10. 剪接線：將裁片縫合的接縫線，例如肩線、脇線、腰線等。褶子的份量也可以利用剪接線條處理。

11. 人體尺寸：設定人體部位的基準點，進行人體身體尺寸的測量。

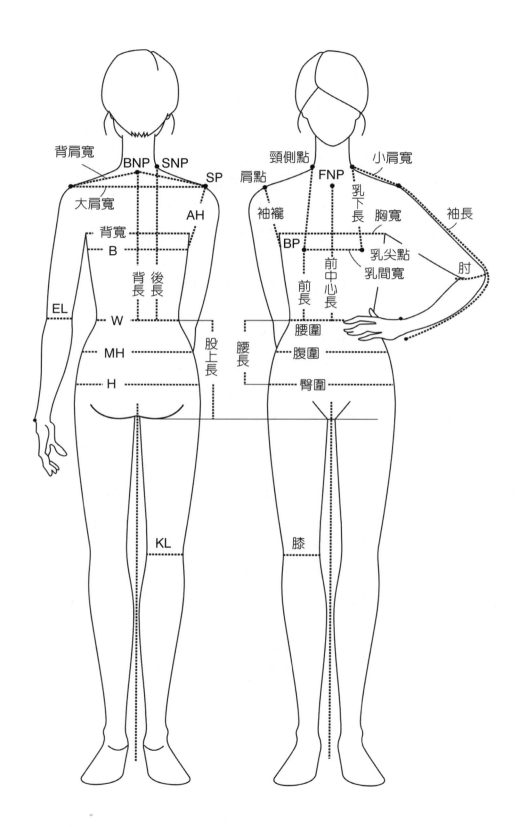

背肩寬
BNP SNP
大肩寬
SP
AH
背寬
B
背長 後長
EL
W
MH
H
股上長
KL

頸側點
小肩寬
肩點
FNP
乳下長 胸寬
袖長
袖襱
BP
乳尖點
乳間寬
肘
前中心長
前長
腰圍
腰長
腹圍
臀圍
膝

12.以身體尺寸部位的英文名稱縮寫，標示版型基礎架構線繪製代表的位置：

縮寫代號	尺寸部位與基準點	
B	Bust	胸圍
W	Waist	腰圍
MH	Middle Hip	腹圍
H	Hip	臀圍
N	Neck	領圍
BL	Bust Line	胸圍線
WL	Waist Line	腰圍線
MHL	Middle Hip Line	腹圍線
HL	Hip Line	臀圍線
EL	Elbow Line	肘線
KL	Knee Line	膝線
CF	Center Front	前中心
CB	Center Back	後中心
BP	Bust Point	乳尖點
SNP	Side Neck Point	頸側點
FNP	Front Neck Point	頸前中心點
BNP	Back Neck Point	頸後中心點
SP	Shoulder Point	肩點
AH	Arm Hole	袖襱

13.繪製版型時會以簡單的符號，標示繪製線條代表的意義。

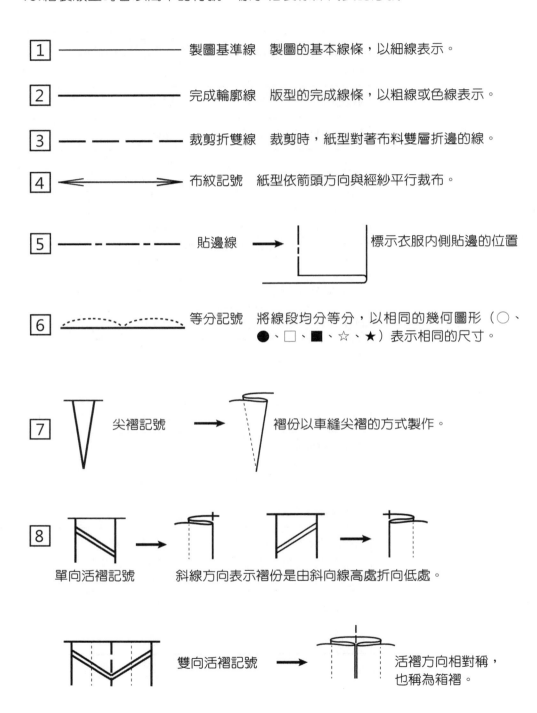

1 —————————— 製圖基準線　製圖的基本線條，以細線表示。

2 —————————— 完成輪廓線　版型的完成線條，以粗線或色線表示。

3 — — — — — 裁剪折雙線　裁剪時，紙型對著布料雙層折邊的線。

4 ◁——————▷ 布紋記號　紙型依箭頭方向與經紗平行裁布。

5 ——·——·—— 貼邊線　→　標示衣服內側貼邊的位置

6 ⌢⌢⌢⌢ 等分記號　將線段均分等分，以相同的幾何圖形（○、
　　　　　　　　　　●、□、■、☆、★）表示相同的尺寸。

7 尖褶記號　→　褶份以車縫尖褶的方式製作。

8 單向活褶記號　斜線方向表示褶份是由斜向線高處折向低處。

雙向活褶記號　→　活褶方向相對稱，
　　　　　　　　　也稱為箱褶。

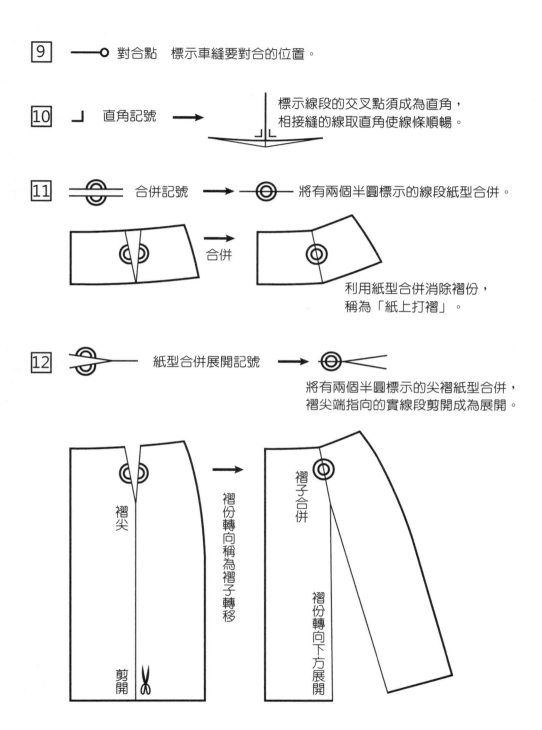

9 ──○ 對合點　標示車縫要對合的位置。

10 ⌐ 直角記號 ➜ 標示線段的交叉點須成為直角，
相接縫的線取直角使線條順暢。

11 ═◎═ 合併記號 ➜ ◎ 將有兩個半圓標示的線段紙型合併。

合併

利用紙型合併消除褶份，
稱為「紙上打褶」。

12 ═✂═ 紙型合併展開記號 ➜ ◎✂ 將有兩個半圓標示的尖褶紙型合併，
褶尖端指向的實線段剪開成為展開。

褶尖

褶份轉向稱為褶子轉移

剪開 ✂

褶子合併

褶份轉向下方展開

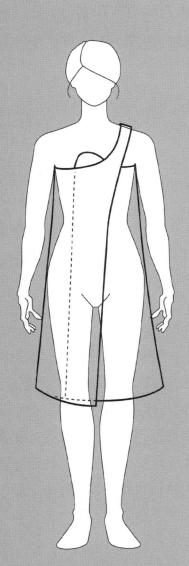

1

服裝結構的發展

服裝學者以壁上浮雕、繪畫和雕像爲佐證，分析服裝演變的脈絡以撰寫服裝史，提供了豐富且多樣化的觀點。在服裝史的論述中，服裝結構發展從整塊布的圍裹、捲繞經由平面化的寬袍形式，演變到立體化多片裁縫式的合身窄衣，歷經了千年的歲月。世界各地出土的服裝實品更提供了有力的研究證據，不同於史料以文獻推論考證，服裝實品不僅提供了明確的織物材質、織法紋路、裁剪結構、製作針法，最重要的是今日的科技還能明確地知道其所產生的年代。

　　了解服裝結構演變的過程，可以提供製版創新思考的方向，爲改進裁剪技術的基礎。因此本章針對服裝結構的發展，將文獻考證的史料圖案著重於結構線條重新繪製呈現，也以實品考證資料爲重點，從版型的觀點將服裝以結構做分類說明。

第一節　無結構的服裝

　　無結構的服裝為不做任何縫製的穿著方式，衣服以一整塊布料運用圍裹、捲繞的方式穿著，可能利用繩或釦做固定。服裝的特點是裁片單純，為平面的帶狀、方形、扇形或圓形，本節依照穿著的方式分類成腰布形式、捲衣形式與披掛形式。

一、腰布形式

　　說文解字中的「衣」，是指「人所倚以蔽體者」；也就是說「衣服」是指包裹人體、遮蓋軀幹與四肢的覆蓋物。依照《希伯來聖經》的記載，上帝創造了人類的始祖亞當與夏娃。聖經《創世紀》第三章中提到亞當與夏娃違背神的命令，偷吃了分別善惡樹的果子。吃下果子後「他們二人的眼睛就明亮了，才知道自己是赤身露體，便拿無花果樹的葉子為自己編做裙子。」正可對應距今二萬五千年前，原始人類開始穿著衣物的原始形式就是以獸皮圍裹身體。直至織物出現後的原始服式，也是將織成的布料不經裁剪直接圍裹於身上。位於地中海東方的人類古文明：西亞與埃及，當時人們普遍

的服裝形式是用一塊完整的布料以腰圍為圍裹的基準線，直接圍繞於下半身的腰布裙（loincloth）。

在西亞地區幼發拉底河和底格里斯河之間的美索不達米亞平原是由不同民族形成的城邦國家，種族之間爭戰不斷。美索不達米亞的歷史（西元前4000年～西元前600年）大致可分為蘇美時期、巴比倫時期與亞述帝國。服裝樣式在多種民族交流下融合變化，但因各民族性的差異且穿著的地域不同，融合變化之中仍各有獨特的特色。

美索不達米亞地區的腰布裙，採用裝飾流蘇的布料，布的兩端以交疊平裹、沒有垂褶的方法繫在身上。蘇美人的羊皮裙（kaunakes）腰布較寬、長度過膝，布端在身後交疊、以粗繩帶繫綁於後腰。巴比倫人與亞述人穿著的腰布裙很相似，為有流蘇飾邊的圍裙式樣，並繫有寬腰帶（圖1-1）。

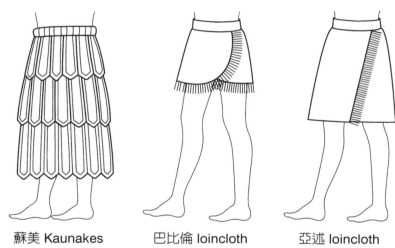

蘇美 Kaunakes　　巴比倫 loincloth　　亞述 loincloth

圖1-1　美索不達米亞文化的腰布裙

在非洲北部的古埃及文化（西元前3100年～西元前332年）為同一民族發展的國家，政治發展穩定，服裝樣式長時期維持結構的單純不變，從最簡單的三角造型慢慢發展加長成為裙型。埃及的腰布裙是用纏繞的方法繫在身上，布料只有長短、寬窄的變化，以材質、織紋纏繞方式與裝飾物作為階級的區分與造型（圖1-2）。

圍裹式的腰布裙型與今日一片式的工作圍裙相似，這類形式的服裝發展為現今裙子的雛型。

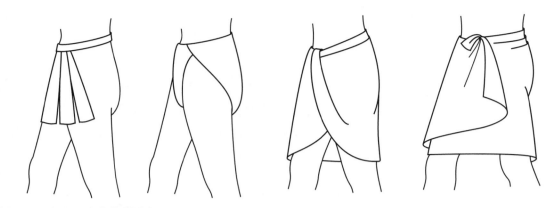

圖1-2　古埃及文化的腰布裙

　　現代傳統民族服裝未受服飾潮流的影響而改變，還存有纏繞於下半身的腰布形式。日本部分地區成年祭典上穿著的兜襠式「六尺褲」與台灣蘭嶼達悟族慶典時穿著以「丁字帶」纏繞而成的傳統丁字褲，都是以一條細長的帶子圍裹穿著（圖1-3）。

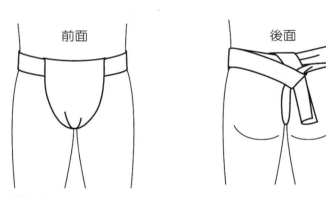

前面　　　　　　　　後面

圖1-3　現代蘭嶼男子傳統服飾丁字褲

二、捲衣形式

　　腰布裙經過長時間的發展之後，再演變為以肩為圍裹基準線的捲衣形式。捲衣形式的衣服是利用整塊沒有裁剪的布，由腰或腋下圍捲身體纏繞披掛成型，其中一邊布端則繞斜掛在肩上，從肩端呈現大量自然優美的垂褶。以不同的方式纏繞穿著就會呈現不同的垂褶方向，而產生樣式的變化。

現存於法國羅浮宮之巴比倫國王雕像（statue of gudea）穿著的是巴比倫時期的cloak，埃及新王朝的drapery、希臘哲學家穿著的himation、羅馬象徵公民榮耀的toga都是這類的服裝（圖1-4）。

捲衣演變的過程為布料的面積愈來愈大，纏繞方式愈來愈複雜。西元前2100年巴比倫時期的cloak長約3m、寬約1.5m，發展到西元前500年羅馬的toga長約4.5m、寬約1.8m[1]。羅馬時期達到最大面積的toga展現漂亮複雜的垂墜褶飾，使穿著者顯得威嚴氣派，卻也阻礙了人體做大幅度的動作，並不利於日常生活的活動。西元前300年toga的形制又逐漸縮小變窄，成為只有在儀式時穿著的服裝。到西元500年拜占庭時期的lorum已變成一條寬且長的帶子，且以寶石、金銀刺繡裝飾，為貴族彰顯身分的穿著。

捲衣形式的衣服沒有依照人體形狀進行裁剪，而是有效利用布料垂墜的特性，自然形成的垂飾效果與人體呈現調和的狀態。現代婦女也會運用大片的絲巾或圍巾做服裝上的穿搭或以圍裹的穿著方式呈現，印度婦女傳統服裝「sari」仍保有與捲衣相同的捲繞穿著形式。sari一般是以長約5.5m、寬約1.25m的長方形布料圍在長及足踝的襯裙外，穿著時先將布的一端圍繞腰部到腳跟成筒裙狀，然後將布的另一端披掛在左肩或右肩任其自然垂下，也可繞過頭部成為頭巾的樣式（圖1-5）。

---

1 參見李當岐，《西洋服裝史》（北京：高等教育出版社，2005），頁115。

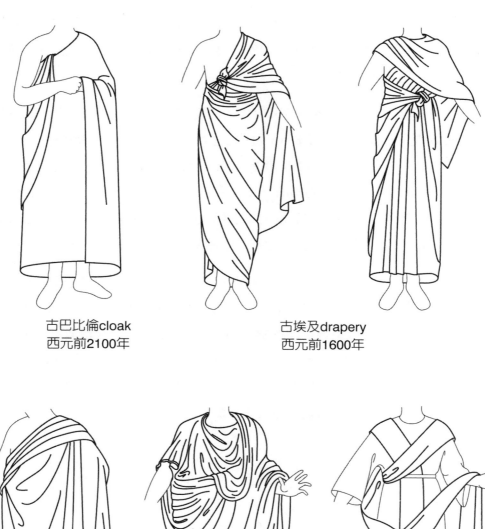

古巴比倫cloak
西元前2100年

古埃及drapery
西元前1600年

古希臘himation
西元前750年

古羅馬toga
西元前200年

拜占庭lorum
西元500年

圖1-4　西方古文明捲衣形式的服裝

圖1-5　現代印度婦女傳統服飾sari

三、披掛形式

　　以肩為圍裹基準線的服裝還有斗篷樣式，穿著時整塊布直接垂掛於肩。蘇美人會在左肩斜披kaunakes為披肩（shawl），蘇美的士兵則有披掛在雙肩的斗篷式（cloak）裝扮，前胸處以金屬釦固定（圖1-6）。

圖1-6　蘇美時期披掛形式的服裝

　　在丹麥Borum Eshøj地區發現北歐青銅時期（西元前1700年～西元前800年）的墓葬群[2]，出土兩款男子服裝，一款上半身裸露、下半身穿著筒形的裙子，是以長方形的布料直接交疊圍裹，在腰部綁帶後捲繞；一款是以皮革裁剪的吊帶式tunic，裁片上方剪成帶狀、衣長及膝，圍裹在身上後，肩部以青銅釦扣合帶子固定（圖1-7）。兩款服裝皆有搭配橢圓形的皮革斗篷，穿著時在肩部將布的邊緣反折成為長條狀披掛在頸部，外觀類似今日的翻領型。

2　Borum Eshøj是在丹麥發現的古墓，依製作棺材樹木砍伐的年代推論時間約爲西元前1350年，三個棺材分屬一位女性、兩位男性。棺材內有保存完好的服裝、青銅器與木製品，現存於丹麥國家博物館。參見National Museum of Denmark, *Bronzealderens dragter*，下載日期：2016年7月31日，網址：http://natmus.dk/historisk-viden/danmark/oldtid-indtil-aar-1050/livet-i-oldtiden/hvordan-gik-de-klaedt/bronzealderens-dragter/。

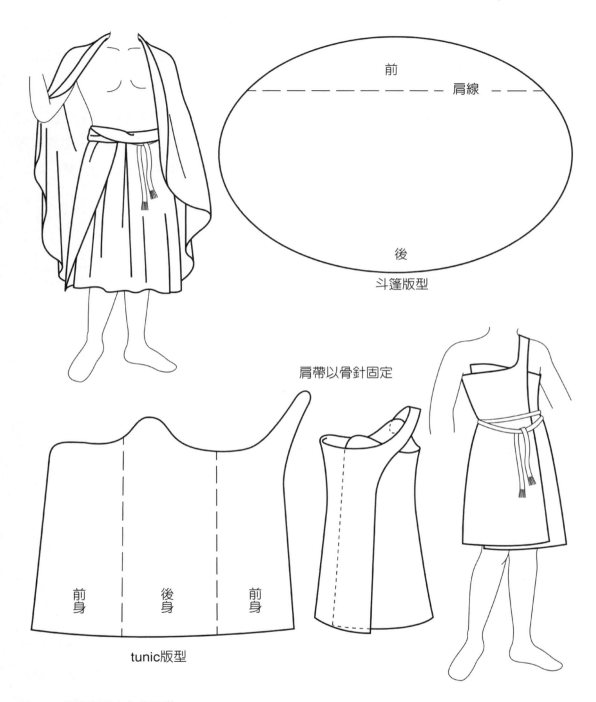

前

肩線

後

斗篷版型

肩帶以骨針固定

前
身

後
身

前
身

tunic版型

圖1-7　北歐青銅文化的男裝

北歐的青銅時期文化發展時間較西亞與埃及晚，受到地域、氣候、生活方式的不同，服裝的材質、形態發展有很大的差異。雖然同是圍裹式的穿著方式，tunic已經有簡單的裁剪，而且是沒有多餘墜褶裝飾的形態。

　　希臘人穿著的披掛式doric chiton為一塊長方形的布料，布的長邊在肩部反折一段長度至腰，在兩側肩部以別針固定；布料短邊在右身對齊，穿著時任其垂下，形成美麗的波浪墜飾外觀（圖1-8）。因為沒有縫合，右身的短邊會因穿著時動作而分開，可以看到身體。

圖1-8　希臘的doric chiton

　　羅馬的士兵會在tunic之外加穿一件方形的毛毯sagum，可抵禦寒冷的天氣與風雨，穿著時在肩部固定。拜占庭時期的paludamentum延續羅馬斗篷的形態，裁片有長方形、梯形、半圓形（圖1-9）。

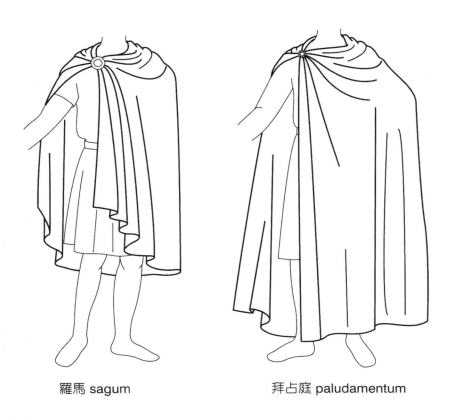

羅馬 sagum   拜占庭 paludamentum

圖1-9　羅馬的斗篷

　　斗篷式的服裝為傳統民族服裝常見的款式：非洲肯亞的馬塞人（Masai）傳統服裝是以類似毯子的「shúkà」披掛在身上，直接在胸前打結固定；南美洲秘魯傳統的服裝「poncho mapuche」為方形裁片，中心切口套頭穿著，可以防雨並保持身體的溫暖；西亞中東地區伊朗的穆斯林婦女傳統服裝「chador」，使用半圓形裁片，為從頭遮蓋到腳的款式（圖1-10）。

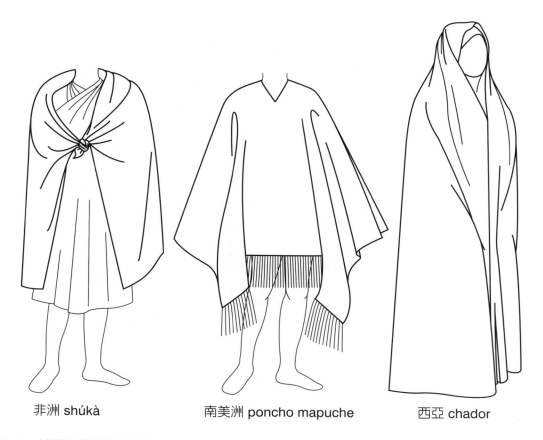

非洲 shúkà　　　　南美洲 poncho mapuche　　　　西亞 chador

圖1-10　披掛形式的民族服裝

第二節　平面結構的服裝

　　平面結構的服裝經過裁剪及縫製的製作工序，以套頭或前方開口的方式穿著，衣服是以直線或簡單弧線拼接的方式構成。服裝的特點是結構單純，完成後的衣服仍可以整個攤平、平放。

一、直線裁剪架構

　　埃及新王朝時期捲衣形式的服裝drapery再發展為kalasiris，以相當於兩個衣長的橢圓形布在中間肩線處裁剪出領口，衣身兩側留手的出口後，將脇邊線縫合，穿著時由

上往下套穿，用繩帶繫在腰部形成「X」的外形。繼亞述帝國之後崛起的波斯帝國（西元前1000年～西元前330年）融合了古西亞與古埃及的服飾文化，波斯官員寬大的袍服kandys原型與kalasiris一樣（圖1-11）。

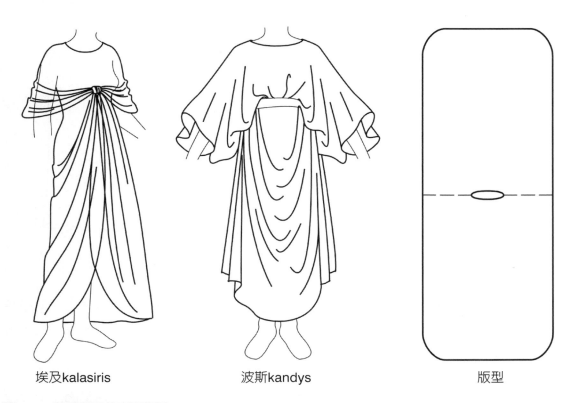

埃及kalasiris　　　　　　　波斯kandys　　　　　　　版型

圖1-11　裁剪領口的寬鬆袍服

　　波斯人穿著kandys是繫腰帶後，將身體兩側的布料上提，形成寬寬的袖子，身體兩側和袖子內側的布料整理出美麗的折線，使呈現波浪喇叭袖造型。有時為了活動方便會把袖子拉到肩上或把衣襬提起塞入腰帶中。埃及的kalasiris、波斯的kandys與drapery有相似的造型，但因使用了最簡單的領口挖洞裁剪與脇邊縫合成為套頭式的服裝，穿法與褶飾可以更加複雜與多樣化。

　　希臘披掛形式的doric chiton（圖1-8）亦將脇邊兩側縫合的樣式稱為ionic chiton（圖1-12），與doric chiton不同的是，ionic chiton沒有在肩部反折，穿著時可由下往上拉、肩線上直接以多個小別針固定，在腰部束帶調整衣服的長度。ionic chiton利用

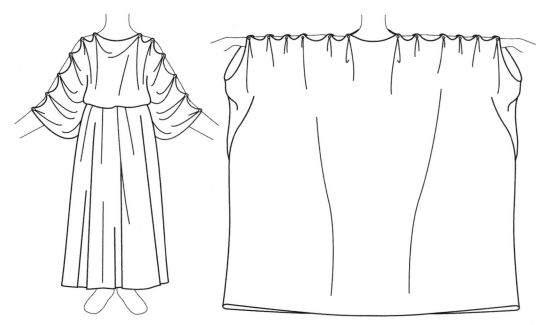

圖1-12　希臘的ionic chiton

腰帶繫法變化出多種不同樣貌：帶子繫腰後拉出鬆份可以做出兩層的視覺效果；帶子繫在胸部下方就成為高腰款式；帶子繫在上半身呈交叉狀態，可以綁住多餘的寬鬆份方便工作，還可以形成有袖子的感覺。

　　在服裝史的研究中，古文化的服裝除了垂掛、寬衣的款式外，還有無褶飾、窄衣款式的tunic，是服裝結構發展研究的重點。

　　tunic在埃及古王朝時期是用完整的方形布料由腋下圍裹、從胸上遮到臀，以繩吊掛在肩上，為筒狀的合身式束衣；到中王朝時期圍裹的長度從胸下至腳踝，使用一至兩條肩帶，為吊帶的緊身形式（圖1-13）。丹麥Borum Eshøj出土的tunic（圖1-7），也是單肩吊帶、圍裹穿著的方式。

　　美索不達米亞地區巴比倫時期與亞述王朝的tunic為直線裁剪、腋下縫合，肩線剪出領口的合身、短袖、套頭穿著形式。tunic之外搭配有流蘇裝飾的腰布裙、捲衣或披肩做層次的穿著為其特色，在古代西亞各民族間這是很常見的服裝款式。埃及新王朝時期與西亞民族已有交流，也有相似的形態。波斯帝國時期，士兵們穿著與亞述王朝風格

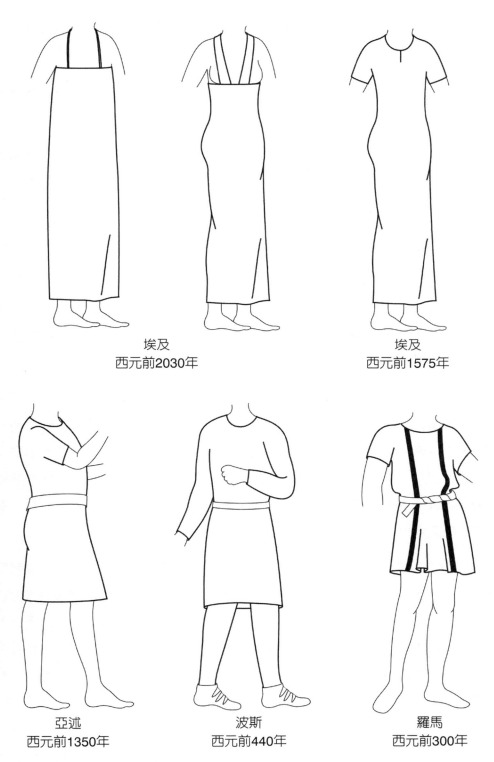

埃及
西元前2030年

埃及
西元前1575年

亞述
西元前1350年

波斯
西元前440年

羅馬
西元前300年

圖1-13　西方古文明tunic形式的服裝

相似緊身的tunic，特別的是穿著長袖與下半身合腿的長褲；貴族也會在tunic與長褲之外再套一件kandys。

羅馬時期tunic演變為前後兩片布在肩與脅縫合，衣服上有直向的條紋裝飾、腰部繫帶後將衣長往上拉形成鬆度，與西亞的形式比較，樣式顯得相對寬鬆。

西元300年拜占庭初期，tunic形態的服裝稱為dalmatica，為衣袖寬大的袍服形式。前身延續羅馬風格有兩條直向的條紋裝飾，是宗教儀式中主要的服裝款式，在今日仍是教會禮儀執事的法衣。

西元500年dalmatica的衣袖漸產生變化，男子服袖子整個變得細窄，女子服袖子手臂處縮窄、袖口處加寬，衣身從直筒變成上窄下寬的梯形（圖1-14）。

西洋服裝史的論述從古埃及與古西亞開始，歷經波斯帝國、希臘到羅馬，主要的地區為地中海之東、歐洲大陸之南。期間，服裝發展因不同的時間、不同的民族雖各有特色，款式輪廓仍多以寬鬆的袍服為主。

西元395年羅馬帝國分為東、西羅馬帝國，東羅馬帝國位於今日土耳其，歷史稱為拜占庭文化（西元395年～西元1453年）。西羅馬帝國位於今日義大利，於西元476年滅亡，居住歐洲北方的日耳曼民族南下，相繼成立國家與領地，也就是今日法、德、義、英的前身；南方的羅馬與北方的日耳曼文化融合，服裝風格分為羅馬式（Romanesque）與哥德式（Gothic）[3]。隨著歐洲法、德、義、英等國崛起，服裝的發展焦點也隨之轉移。

西元1000年～西元1200年羅馬式的tunic有以兩件套穿的方式，內層穿著窄身的undertunic，外層罩穿bliaud。男子服衣長及膝、袖子細窄，腰部繫帶後將衣服往上拉鬆，腿上穿著合身的吊帶襪chausses。女子服依身體自然形狀裁剪，胸部多餘的量被裁掉，側身與後身有繩紐將衣服拉緊，袖子肘部以上緊貼手臂、袖口變寬，漸發展為誇張的大喇叭型（圖1-15）。衣服呈現多片裁剪技術與合身的趨向，已脫離古代西亞單純的袍服結構。

3　參見林成子，《西洋服裝史》（未出版講義），頁7。

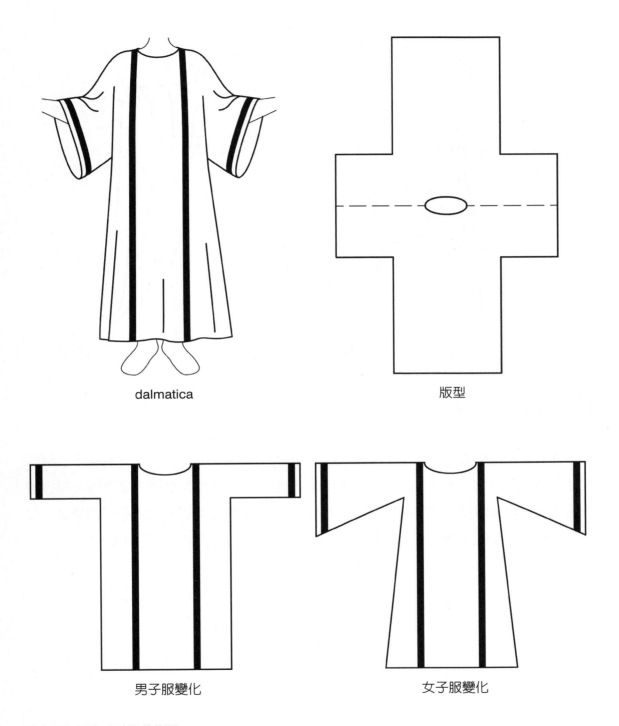

dalmatica

版型

男子服變化

女子服變化

圖1-14　拜占庭時期的袍服

圖1-15 羅馬式時期的服裝

　　從服裝結構的層面來探討：埃及的kalasiris與tunic以人體為一個整體思考，衣服直接圍裹或套頭穿著，裁片單純完整；西亞之後的tunic以人體與雙手分離思考，衣服剪去腋下多餘份量成為十字型裁片、「T」的外形，衣身寬度縮減成為有袖子的樣式；拜占庭之後的tunic再剪去衣袖的份量，成為多裁片變化剪接的形式（圖1-16）。

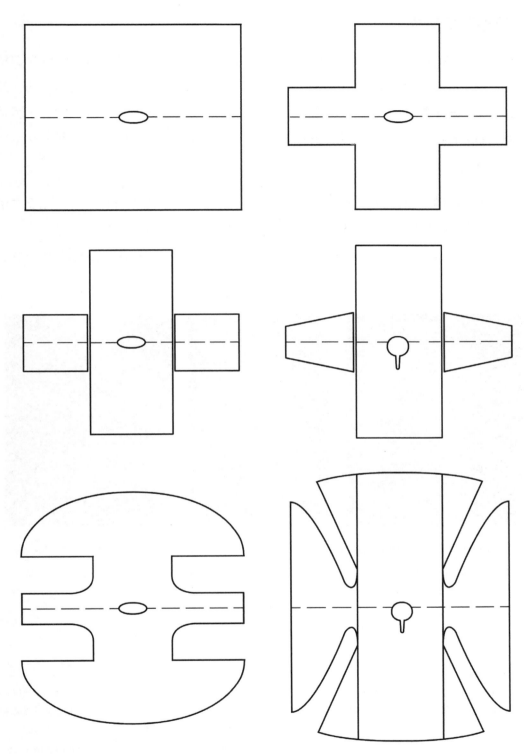

圖1-16　tunic的版型變化

二、折線裁剪架構

在埃及開羅以南的Tarkhan古墓群內出土的紡織品中發現一款合身、亞麻材質的連身衣裙[4]（Tarkhan Dress），其年代可追溯至古王朝時期第一王朝，距今約有5,100年到5,500年，這件墓葬的實物將人類裁剪縫製的歷史往前推進千年（圖1-17）。其他埃及古墓（Deshasheh、Naga ed-Deir）出土的古王朝服飾都是相似的造型，V形領、衣服或袖子上有細密的活褶。

這件經過裁剪縫製的墓葬服飾，分為左、右衣袖與方形裙片三個裁片。上衣身的領口採用布料直線邊緣與肩線呈現十字形，穿著時會因人體肩膀的斜度而產生前後「V」形領的效果。裙片長度因為裁片毀損無法得知，可以確認在脅邊線接縫成為筒狀的裙型。

圖1-17　埃及出土的Tarkhan Dress

圖片引用：Sheila Landi and Rosalind M. Hall. *The Discovery and Conservation of an Ancient Egyptian Linen Tunic*, pp.141-152.

4　Tarkhan Dress 於西元1913年與一堆麻布一起出土，直到西元1977年倫敦維多利亞和阿爾伯特博物館的紡織品保護研討會清洗這些織品時才被發現。經重新修復整理，可以還原出它的穿著方式並發現使用過的磨損痕跡，顯示這是生活中穿著過的服裝，而非單純的壽衣。西元2015年由牛津大學進行放射性碳測試，確認衣服的年代為西元前3482年～西元前3102年之間，準確率約95%，是目前世界上現存最古老、複雜的梭織服裝。參見UCL NEWS, *UCL Petrie Museum's Tarkhan Dress: world's oldest woven garment*，下載日期：2016年5月20日，網址：https://www.ucl.ac.uk/news/news-articles/0216/150216-tarkhan-dress。

左、右衣袖裁片在肩線對折後，將腋下縫合成筒狀的窄袖；裙子為一片長方形布與衣袖裙縫合成為長袍[5]（圖1-18）。

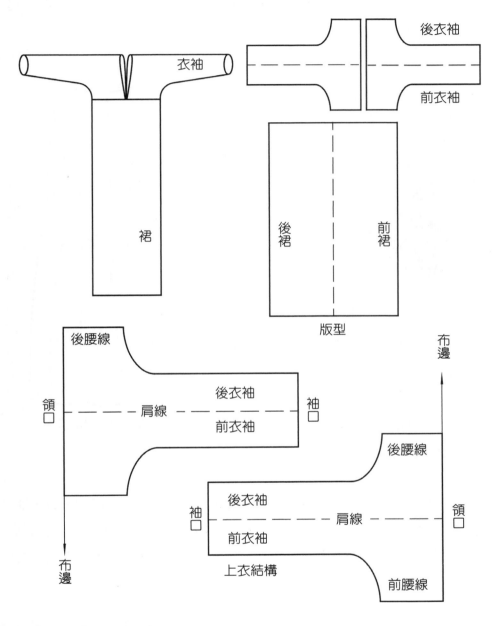

圖1-18　埃及古王朝的袍服版型

5　參見Gillian Vogelsang-Eastwood. *Pharaonic Egyptian Clothing* (Leiden: E. J. Brill, 1993), pp.122.

丹麥Egtved地區出土西元前1370年青銅時期的墓葬服飾[6]（Egtved girl），上半身是衣長及腰、袖長及肘的毛織上衣，下半身是多條的羊毛繩索串合而成的短裙，腰間繫帶並有一個圓盤形青銅裝飾。同時期Borum Eshøj地區出土的一款女子服裝上半身衣服相似，下半身是寬大筒形的裙子，用穗帶綁腰（圖1-19）。

後身

Egtved girl　　　　　　　　　　　Borum Eshøj 女裝

圖1-19　北歐青銅文化的女裝

　　北歐青銅時期的女子上衣是由單一裁片構成，裁片在脅側橫切兩刀，分出袖子與衣身的區塊：衣身的區塊折向後身，在後中心縫合；袖子的區塊取中心位置，切割一個領口，再向後對折；折線為肩線，將袖下縫合成為筒狀的袖子，可以在衣襬增加裁片來加長衣服的長度（圖1-20）。

6　參見 National Museum of Denmark, *Kvindens dragt i bronzealderen*，下載日期：2016年7月31日，網址：http://natmus.dk/historisk-viden/danmark/oldtid-indtil-aar-1050/livet-i-oldtiden/hvordan-gik-de-klaedt/bronzealderens-dragter/kvindens-dragt-i-bronzealderen/。

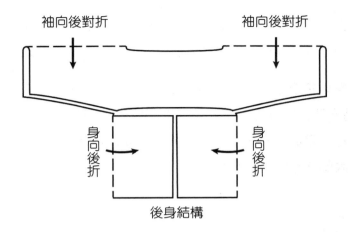

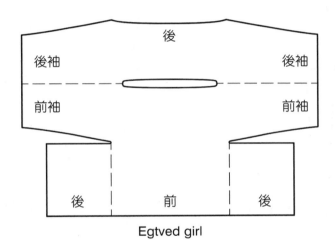

Egtved girl

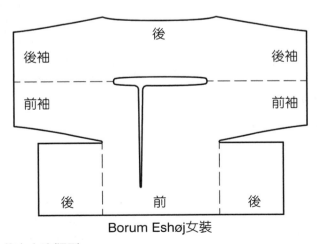

Borum Eshøj女裝

圖1-20　北歐青銅文化的女上衣版型

生活在嚴寒地帶的游牧民族為了禦寒與方便活動，衣服開口小、樣式窄而合身，多為上下兩件式結構，服裝裁剪方式更貼近於生活需求與現代服裝的架構。

中國新疆的蘇貝希古墓[7]（西元前500年～西元前200年）出土的毛料上衣基本結構與tunic相同採用十字型的裁剪。蘇貝希地處歐亞大陸的交通要道，出土的服裝樣式顯示文化的交流融合，立領、開襟、織紋是東方中國文化的元素，使用斜織紋毛料、插片結構為西方北歐服飾的特點（圖1-21）。

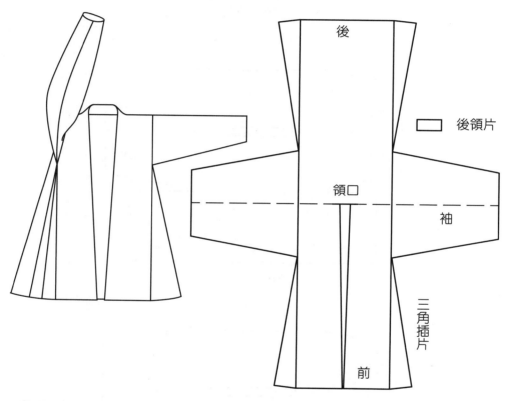

圖1-21　蘇貝希古墓的袍服

圖片引用：劉瑞璞等，《古典華服結構研究》，頁26。

7　蘇貝希古墓群位於中國吐魯番盆地，形成時間為中國的戰國到西漢時期，為新疆的青銅時期至鐵器時期之初，出土豐富的彩陶文物，被稱為「蘇貝希文化」。參見紹會秋，新疆蘇貝希文化研究，下載日期：2016年8月15日，網址：http://www.sinoss.net/qikan/uploadfile/2013/0415/20130415020204937.pdf。

蘇貝希出土的男子服是將前身中心剪開，製作開襟並縫製後領片，衣脇邊插縫一塊倒三角布使衣襬寬度增加，方便行走與騎馬活動；袖下裁剪斜線縮小袖口，手部活動不受阻礙又可防風灌入身體，服裝結構特點與游牧民族的生活需求相關。

在歷史中與埃及相似，沒有民族混雜爭戰的中國，文化一脈相承，服裝有完整的制度，一直保持十字型的裁剪架構直到十九世紀末。在中國墓葬出土年代最久遠的衣服實品，是湖北馬山楚墓（西元前340年～西元前278年）。馬山楚墓出土的袍服除了袖型平直的十字型結構，還呈現古代西方沒有的獨特裁剪技術：裁片斜拼與布料斜裁（圖1-22）。利用裁片斜向的拼縫，作出衣服前中心的交疊份量與肩膀斜度；將布料經紗成為斜向進行裁剪，可增加織品的伸縮彈性，運用於袖口可提高服裝的實用性與適體性。

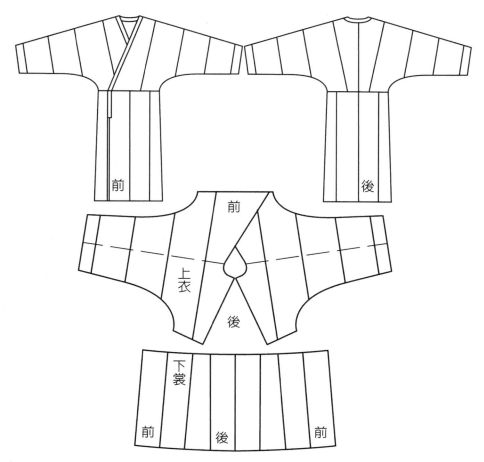

圖1-22　馬山楚墓的素紗綿袍

圖片引用：劉瑞璞等，《古典華服結構研究》，頁14。

德國Marx-Etzel地區出土西元45年～西元125年間鐵器文化時期寬鬆及膝褲的裁片[8]，這種褲型與文獻資料中羅馬士兵北征時因天氣寒冷，仿效北歐部落穿著的及膝馬褲型（braccae）相似。褲子的結構是一片布剪開兩刀，利用直接翻折縫合的方式，形成梯型的後襠與褲管（圖1-23），這種簡單的折疊結構手法在青銅文化時期的女子上衣已出現（圖1-20）。

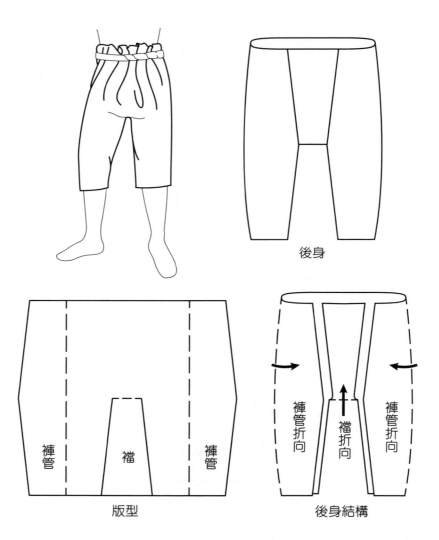

後身

褲管　襠　褲管

版型

褲管折向　襠折向　褲管折向

後身結構

圖1-23　Marx-Etzel出土的即膝褲

8　參見Hilde Thunem, *Viking Men: Clothing the legs*，下載日期：2016年8月12日，網址：http://urd.priv.no/viking/bukser.html。

第三節　立體結構的服裝

　　立體結構的服裝為考量人體的凹凸曲面，採用多裁片縫製的方式，使平面的布料可表現出立體的外觀，衣服多以曲線拼接的方式構成。服裝的特點是結構複雜，完成後的衣服無法整個攤平、平放。

一、插片裁剪架構

　　在中國新疆的洋海古墓群內發現兩條褲子，可追溯到西元前1000年，距今有3,000年歷史，是為現知年代最古老的褲子實品。這兩條褲子為直筒寬襠的羊毛褲，裁片的邊緣完整、沒有經過裁剪的痕跡，應是依照尺寸直接紡織所需要的裁片[9]（圖1-24）。

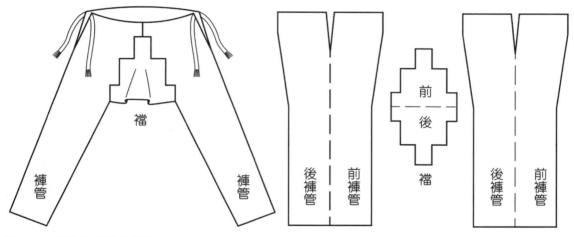

圖1-24　洋海古墓的有襠褲

　　褲子共有左、右褲管與胯下襠布三個裁片：兩個長條的大裁片對折成為兩個褲管，一個階梯形的小裁片對折成為胯下襠布，褲腰兩脇開縫，穿著後綁帶。寬大的襠布使褲子平放時，胯下會產生堆積的布料，這個堆積的份量增加了跨步活動的空間，展現

9　洋海古墓群位於中國新疆吐魯番盆地，屬於西元前1000年的蘇貝希文化，根據放射性碳測試，褲子的年代約為西元前1038年～西元前926年之間。穿著者為年約40歲的男性，身分可能是牧民或士兵，陪葬品中有木製馬銜、鞭、戰斧與弓，考古學家認為這些實品支持了褲子應是為騎馬而發明的觀點。參見黎珂、王睦、李肖、德金、佟湃，褲子、騎馬與游牧 —— 新疆吐魯番洋海墓地出土有襠褲子研究，下載日期：2016年7月31日，網址：http://www.cssn.cn/kgx/zmkg/201505/P020150512395524744596.pdf。

布料經過縫製組合成為立體化衣服的狀態。

　　西伯利亞阿爾泰山脈Pazyryk墓葬[10]發現西元前500年鐵器文化時期的一名戰士的褲子，為羊毛與駝羊毛的斜紋混紡織物，以茜草染成紅色，有穿著磨損的補綴片，顯示為生活中穿著過的服裝。

　　褲子的年代與蘇貝希古墓相近，結構與洋海古墓相似，也是左、右褲管與正方形的胯下襠布三個裁片（圖1-25）。穿著時以羊毛繩繫在腰間，褲管在膝蓋以下部分略為收窄，可以塞在靴子內。

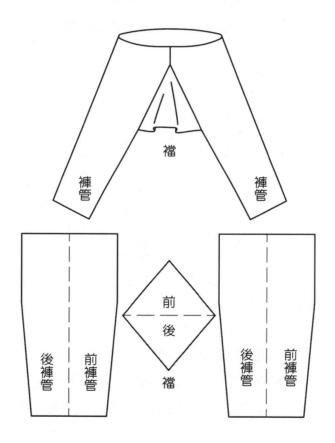

圖1-25　Pazyryk墓葬的有襠褲

---

10 位於中亞的游牧民族Scythian與希臘、波斯、印度和中國有密切的貿易交流互動，形成Pazyryk文化，Pazyryk墓葬出土文物蘊含豐富的貿易交流文物。參見Natalya V. Polosmak, *A Different Archaeology Pazyryk culture: a snapshot, Ukok, 2015*，下載日期：2016年8月17日，網址：http://scfh.ru/files/iblock/3c0/3c0ea793f4805e57510e112bdb23da76.pdf。

西元1200年～西元1500年哥德式的服裝（cotehardie）腰線收緊、搭配窄袖，服裝結構不再是由衣服兩側直線切入，做出腰線收窄的平面製作方式，而是採用三角稜線的立體空間切割方式。

　　男子服上半身cotardie衣長及臀、前中心製作開襟、衣袖開口縮小、袖口的脇剪接處開縫以釦子扣合，下半身穿著緊身吊帶長襪。女子服上半身合身、袖肘有垂墜長條的飾布，下半身側身從臀到衣襬加入多片直向的三角形裁片，連前身、後身也都剪開插入三角形裁片，加大裙子的份量（圖1-26）。

圖1-26　哥德式時期的服裝

　　西元800年～西元1100年生活在北歐斯堪地納維亞半島（Scandinavia）嚴寒地帶的游牧民族維京人（Vikings），為了禦寒與方便活動，衣服開口小、樣式窄而合身，為上下兩件式結構，服裝立體化的時間早於哥德式服裝。挪威Andøya島嶼發現西元1050年的Skjoldehamn tunic與丹麥Kraglund沼澤發現西元1100年的Kragelund tunic，都是有加入多片直向三角形裁片的結構[11]。

　　北歐發現的Vikings tunic，衣身採用肩線連續裁剪的平面結構形式，在前、後、側身片皆有增加衣襬寬度的三角形插片（圖1-27）。衣服採用將布裁開，再用裁片嵌入裁開的部分，更能依照身體曲線作出衣服對應的形狀。腋下也利用袖下接縫線插入三角插片形成「袖下襠」的方式，可增加衣服腋下的份量來因應手臂活動的需求，並產生側身立體的效果。

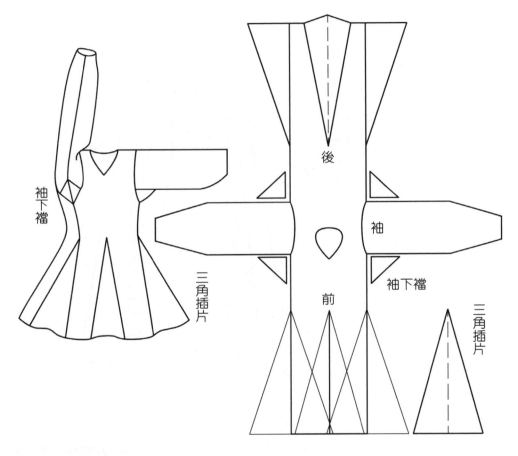

圖1-27　北歐出土的立體結構服飾

11　參見I. Marc Carlson, *Some Clothing of the Middle Ages*，下載日期：2016年8月17日，網址：http://www.personal.utulsa.edu/~Marc-Carlson/cloth/bockhome.html。

如果織品布幅較窄的情況下，要增大裙襬的份量，將衣服的前後中央剪開，在裙子的中央與兩脇以三角形的布插入是最經濟的裁布方法。Vikings服裝裁剪不只是充分利用布幅寬的方式，在接縫線中嵌入裁片，更是將生活方式中的需求顯現。

格陵蘭島出土西元1340年～西元1430年間，古挪威人Herjolfsnes墓葬的文物當中，有30件保存完整的服裝，為腰部收窄、衣襬寬闊的形式[12]（圖1-28）。

圖1-28　Herjolfsnes 墓葬的服裝

12　參見I. Marc Carlson, *The Herjolfsnes Artifacts*，下載日期：2016年8月18日，網址：https://translate.google.com.tw/translate?hl=zh-TW&sl=en&u=http://www.personal.utulsa.edu/~marc-carlson/cloth/herjback.html&prev=search。

Herjolfsnes出土的衣服裁剪結構為前後身片分開裁剪，並做出肩斜度；裙子插片有三角形、梯形，使用不同的插片數量呈現出不同的裙襬圍度與款式；袖子獨立裁剪，採用多片組合與弧形袖襬；領口與袖口有鈕扣的開口。服裝呈現專業的裁縫技術，已經與現代服裝構成的方式相同。

二、體型裁剪架構

西元前3000年～西元前1100年源於地中海克里特島（Crete）的愛琴文化屬於島國文化，服裝風格獨特，完全不同於埃及或西亞所屬的河谷文化，在其他古文化地區也沒有出現過相似的造型。愛琴文化服裝特殊之處為女子的樣式變化比男裝豐富細緻，且衣服為緊包軀體、展現身體曲線的形式，呈現人體與服裝高度協調，更貼近現代服裝的感覺（圖1-29）。

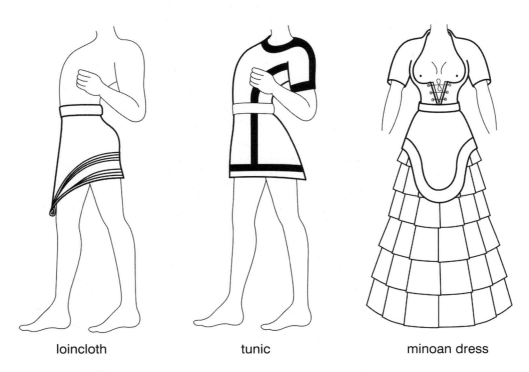

| loincloth | tunic | minoan dress |

圖1-29　愛琴文化的服裝

克里特島的腰布裙型男女皆有穿著。特點為緊身的腰部、繫寬腰帶，裙襬有寬邊飾、由後向前下斜，在前面形成長條形的裝飾，並有做工細緻的裝飾物。tunic形態與

西亞相似，也是直線裁剪構成、「T」的外形，領口、袖口、衣襬的裝飾帶為其特色。

　　從克里特島的壁畫顯示女子穿著的minoan dress上半身是合身、前胸敞開、露出乳房的短袖上衣，下半身是從腰部到腳跟使用裁片層層組合的鐘形裙。上衣的身與袖非常地貼合身體，裙子裁片呈現不同的條紋、格子織繡紋路。服裝呈現豐胸、細腰、圓臀，身體曲線明顯的幾何輪廓造型與高領、窄袖、蓬裙的結構細節，這是最早出現有三圍尺寸的體型式服裝文物，可惜沒有實物傳世，只能依照服裝的款式推論當時應有極佳的裁剪與縫紉技術。

　　西元前200年曾是波斯屬地的帕提亞王國（Parthian Empire），為善於馬術的游牧民族，銅製品的刻畫中有穿著前開式的服裝與寬鬆褲裝（圖1-30）。在西亞的壁畫中古歐亞游牧民族間穿著的褲子，在波斯時期已是士兵們普遍的穿著。西亞的褲裝與當時希臘、羅馬人寬袍大袖服式的穿著風格完全不同，古希臘、羅馬人不穿褲裝，直到羅馬帝國分裂之後，受到南遷的游牧民族影響，服裝趨向合身窄化，褲裝才逐漸在歐洲普及。

圖1-30　帕提亞王國的前開襟褲裝

前面章節所述出土的褲子實品：洋海古墓（圖1-24）、Pazyryk墓葬（圖1-25）、Marx-Etzel沼澤地（圖1-23），與西亞的褲子同屬極寬鬆的款式。褲型都是褲管與簡單襠布組合的架構，在胯下處增加寬大的鬆份以便於騎馬，腰圍尺寸相對也很大。

在北歐的Damendorf沼澤區與Thorsberg沼澤區發現西元300年維京人的兩款羊毛斜紋織物做的褲子則是窄版的褲型，使用左、右褲管、前後身襠布、胯下襠布多裁片的裁剪組合[13]。

Damendorf trousers褲腳已經毀損，前身有半圓形的缺口，但挖掘現場並沒有發現這一塊裁片。有研究者依據縫製收邊的痕跡與實品的重建認為這裡應該有裁片，且褲腳裁片應有向下延伸，穿著時壓在腳底可以拉緊褲長（圖1-31）。

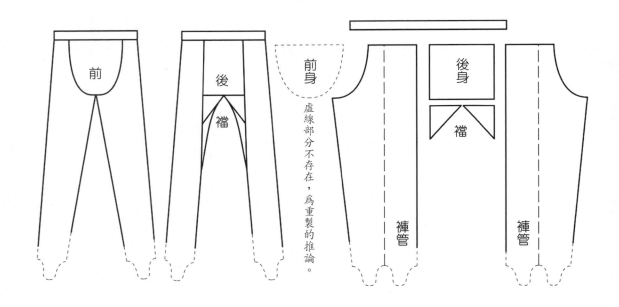

圖1-31　Damendorf trousers

---

[13] Damendorf trousers在Damendorf沼澤發現，遺體上方還有披蓋斗篷，另有真皮的皮帶與皮鞋。根據放射性碳測試，褲子的年代約為西元135年～西元335年之間。Thorsberg trousers在Thorsberg沼澤發現，褲子的年代約為西元100年～西元300年之間。褲子的保存狀態不佳，部分裁片只能以推論方式判斷，研究者持有不同看法，參見Hilde Thunem, *Viking Men: Clothing the legs*，下載日期：2016年8月18日，網址：http://urd.priv.no/viking/bukser.html。

Thorsberg trousers腳褲收窄，足部連接做出類似鞋型的包覆布與褲腳相連，如同今日嬰兒的爬行衣樣式，裁片更為多片。有研究者認為在小腿後面有利用接縫線留出的直向開口與綁繩，使人們穿著時腳丫能更容易地通過窄緊的褲腿[14]（圖1-32）。

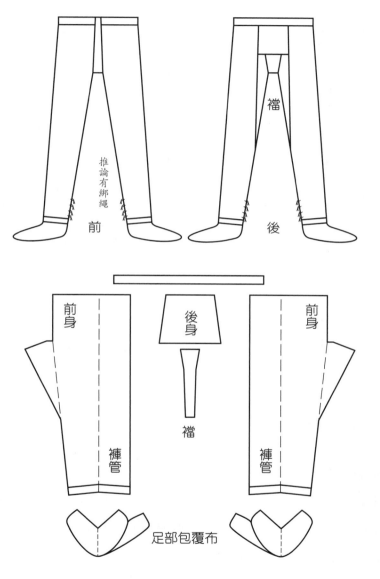

圖1-32　Thorsberg trousers

---

14 參見Shelagh Lewins, *Trousers from the Thorsbjerg Mose*，下載日期：2016年8月18日，網址：http://www.shelaghlewins.com/reenactment/thorsbjerg_description/thorsbjerg_trews_description.htm。

西元500年～西元1000年生活在格陵蘭的Anglo-Saxon民族穿著的馬褲breeches[15]（圖1-33）與Marx-Etzel 的braccae（圖1-23）一樣是一片布結構的及膝褲型。不同的是該褲子裁剪多餘的份量使褲口縮窄，採用曲線構成，成為立體的服裝。

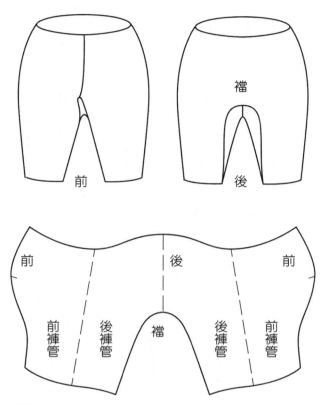

圖1-33　Anglo-Saxon的馬褲

　　馬褲breeches的後臀部有一條馬蹄形的接合線，可加大臀下的尺寸，正好配合人體坐姿時臀部的線條，成為貼體的樣式。現代馬術的褲子結構也有這條馬蹄形的接合線，後中心不裁開的作法也常運用於男子內褲與嬰幼兒的爬行褲。

　　西元1500年之後服裝趨向強調身體的曲線輪廓，男子服著重上半身的發展、誇大的袖型與領飾，下半身穿著緊身的長襪；女子服凸顯三圍的曲線，上半身的衣服愈來愈

---

15 參見Russell Scott, *The Vikings basic kit guide*，下載日期：2016年8月20日，網址：http://www.colanhomm.org/OriginalBasicKitGuide.pdf。

緊身，下半身的裙子體積愈來愈大。與褲子的結構演變相同，衣服的結構也從寬鬆、簡單裁片的形式演變為多裁片的裁剪方式以符合身體形態。衣服經由多片組合的結構來達到服裝貼體的目的，也是現代合身服裝普遍的裁剪方式。

法國現存西元1360年穿在盔甲之下有防護作用的Pourpoint of Charles de Blois[16]，為七層棉麻布製成的緊身式服裝，大裁片就有20片，以多裁片拼接縫製的方式做成合身（圖1-34）。

Pourpoint of Charles de Blois衣長在臀部收緊、蓋至大腿，使用32顆的鈕扣，衣襬內側有可以固定褲襪的綁帶，衣身有圓弧形的大袖襱（grande assiette sleeve），袖子在袖襱處嵌入三角或扇形裁片，使袖襱尺寸可以與衣對合，這種袖子的裁剪方法可增加手臂活動量使用，肩膀處袖子如同連袖式包覆肩頭，有很好的伸展程度可以適應人體活動。

從Herjolfsnes出土的服裝實物（圖1-28）可確認西元1300年時，衣服已有前身、後身、袖片、裙片或褲片各部分獨立構成裁剪的立體結構。Pourpoint of Charles de Blois的結構更進一步利用裁片的剪接，縫合形成明確的人體外形，也顧及活動的需求。

從服裝結構的發展史來看服裝裁剪線演變的結果：以人體身軀為一個整體思考，衣服直接圍裹、捲繞、披掛，不需縫製，裁片單純完整：以人體上下半身或四肢分離思考，衣服就要有裁切、縫合。服裝依照人體各部位的比例來製作版型，服裝的合身度與版型的立體化要求愈高，服裝裁剪線就會愈趨於複雜。

---

16 參見Tasha Dandelion Kelly, *The piecing of the Charles de Blois pourpoint*，下載日期：2016年8月20日，網址：http://cottesimple.com/articles/cut-to-pieces/。

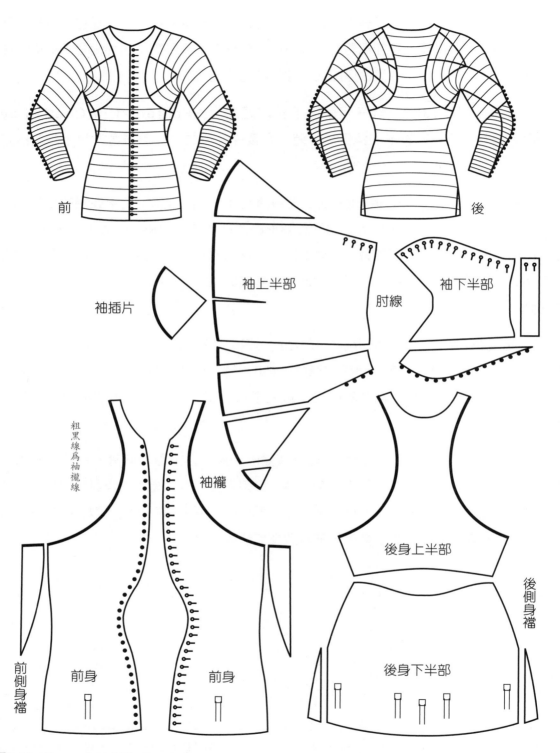

前　　　　　後

袖插片　　　袖上半部　　　肘線　　　袖下半部

粗黑線爲袖襱線　　袖襱　　　後身上半部

前側身襱　前身　前身　　後身下半部　後側身襱

圖1-34　Pourpoint of Charles de Blois

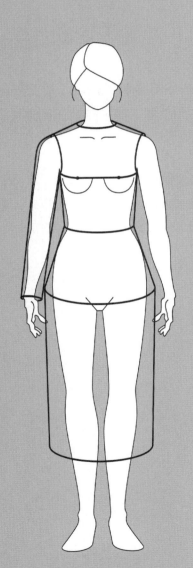

2

服裝結構與版型設計

服裝版型設計就是將服裝設計圖轉換爲可供製作者裁剪的平面版型，衣服是根據服裝設計者與穿著者需求來決定構成的條件。版型的製作以人體結構爲基礎，還需考量人體的活動，因此了解服裝版型結構與合理的變化方式是很重要的基本功課。

第一節　立體結構的版型

一、版型的立體化

　　在服裝結構演變的過程中，衣服從簡單的兩裁片包覆身體前後之二度空間平面結構，到多裁片的組合展現前身、後身與側身之三面空間立體結構，關鍵在於裁片的剪接與褶子的製作。

　　將人體想像為簡單的幾何立體，把身體各部位劃分成不同樣式的立體，而這些立體區塊攤成平面，就可以得到類似衣服的平面版型。但這種以面的切割轉換方式，會使得衣服裁片變得細碎多片（圖2-1）。

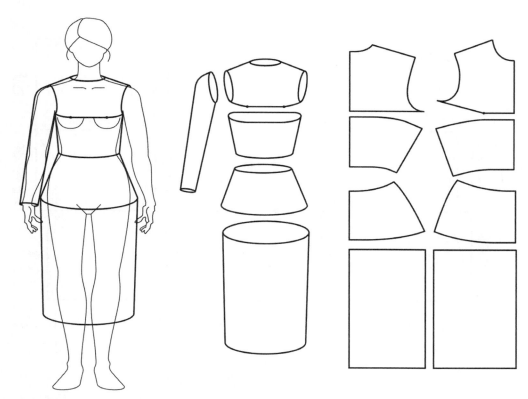

圖2-1　人體的幾何區塊

　　以平面的布料來包裹立體的人體，若是要求衣服要合體、布料不做多片裁切，就要將褶份縫合。製作合身衣服時，人體的圍度測量以胸、腰、臀三圍為主要，這三圍尺寸的差異就是褶子的份量；立體的曲度愈大，褶子的份量就會愈多（圖2-2）。例如女性的身體曲線比男性的身體曲線起伏大，女性衣服的褶份就大於男性衣服的褶份，特別是胸褶份。

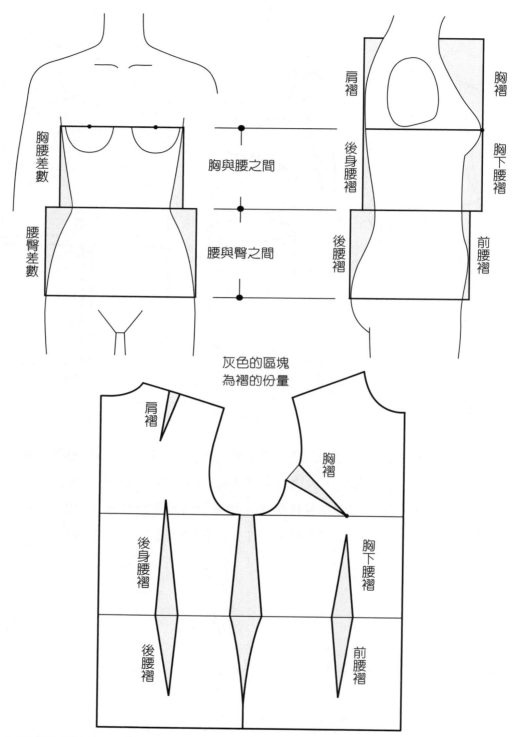

胸腰差數

腰臀差數

胸與腰之間

腰與臀之間

肩褶

後身腰褶

後腰褶

胸褶

胸下腰褶

前腰褶

灰色的區塊
為褶的份量

肩褶

胸褶

後身腰褶

胸下腰褶

後腰褶

前腰褶

圖2-2　人體與褶的關係

服裝結構須考量人體活動的機能性，與身體曲線合身度的需求，依不同用途來做合理的寬鬆份與褶份的安排。褶子的份量可車合或分散於剪接線中，褶子的方向與裁片的剪接切割方式也可依設計線條改變（圖2-3）。立體合身的衣服常以多裁片或多褶構成，來達到貼服身體曲面的目的；也就是說結構上，褶份量與裁片數愈多，愈能達成衣服與身體曲線弧度符合的程度。

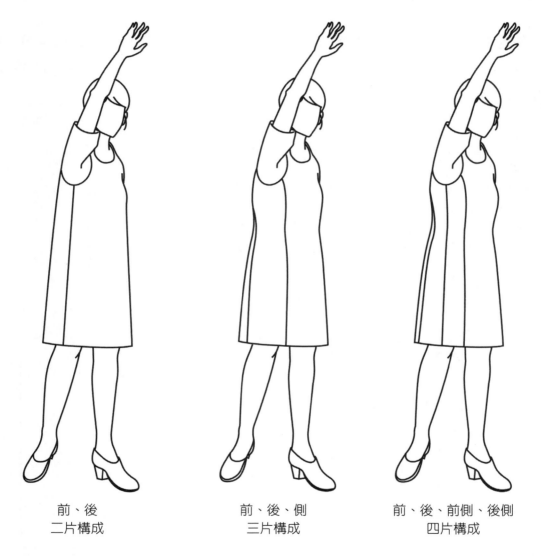

前、後
二片構成

前、後、側
三片構成

前、後、前側、後側
四片構成

圖2-3　服裝裁片的切割

依循既有的服裝構成方式，了解人體的構造與服裝的對應關係後，改變思考的方式就會產生新的看法。以「袖下襠」為例：如tunic平面結構的服裝（圖1-16），直接由身片連接袖片的連袖式服裝，沒有凸顯身體厚度的側身裁片，就是一種很簡單的平面服裝版型。平面式的連袖結構要將衣服的合身度提升且兼顧機能性並不容易，計算出襠份只能增加合身度，無法改善機能性。在衣服身體與手臂的區域分界處，適當地加上襠布做出袖下襠，是取得立體合身度與機能性之間平衡點的簡易方法（圖1-27）。

使用連續裁剪式的方法，將後袖延伸出袖下份量與前袖接合，前身延伸出側身份量與後身接合，不用另外再接合一片襠布，也可巧妙地呈現與袖下襠相同效果的立體結構（圖2-4）。

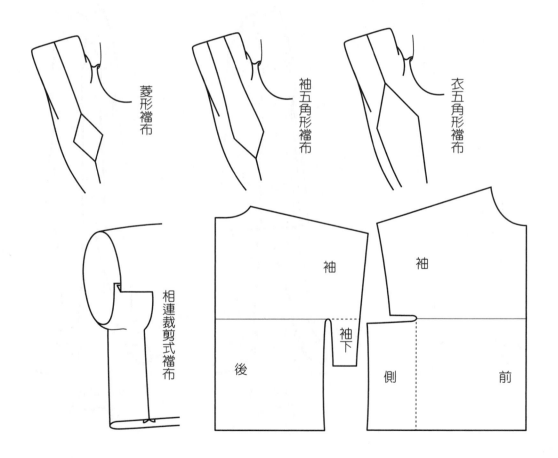

菱形襠布

袖五角形襠布

衣五角形襠布

相連裁剪式襠布

袖

袖

袖下

後

側

前

圖2-4　袖下襠的形式

二、版型製作的方法

現代服裝將衣服立體結構轉換為平面版型，主要的操作方法有立體裁剪法與平面製圖法。立體裁剪法是將布料直接披掛在人體或人檯上，依照設計圖裁剪出衣服樣式（圖2-5），再將裁剪的布料取下整理縫份，車縫完成單件成品的製作，或將布料裁片展平拷貝為大量生產用的厚紙版型。平面製圖法是依據身體各部位的測量尺寸，導入依經驗值或研究計算而來的數學公式，將立體化的人體形態透過計算轉化為展開的平面圖版。

立體裁剪法與平面製圖法各有優缺點，也有採用兩種方式交互使用的應用裁剪法，不論採用何種版型製作的方法都必須掌握人體曲面與版型之間的完美轉換。

圖2-5　在人體上調整服裝

圖片引用：Lawrence Alma-Tadema, *The Frigidarium* (1890).

立體裁剪法著重於服裝的塑形，因為是在人檯上操作裁剪，可以直接取得衣服的長寬、剪接線、結構線等尺寸比例，並觀察布料的垂墜性與服裝穿著的狀態，可直接修正或更改設計線。就如同捲衣形式的服裝，直接圍裹身上，不須被尺寸或公式制約，對於垂褶或變化創作有更靈活運用的空間。

立體裁剪法的操作過程中，無法非常精準地預估用布量，為避免成本浪費，多使用胚布，並以人檯操作，這也容易造成操作樣品與實際成品之間的差異，為其缺點。因此立體裁剪法適用於多變化的禮服，或少量生產的造型款式服裝。

平面製圖法是藉由人體工學的角度與經驗去分析版型結構面，經過反覆修正套用的公式，可有效地控制尺寸規格與成本控管。對於初學者而言，平面製圖法是依循前人的經驗理論，容易掌握完美的架構，相對地也形成一個框架，需累積足夠的經驗才能修正錯誤或變化運用。因此平面製圖法適用於制式的架構，或量產的標準化服裝。

在平面製圖法製版的過程，畫出一個簡單的最基本版型為「原型」，製圖打版時以此為基礎再加以長短、寬窄、細節的變化。使用原型打版，可以快速地將衣服版型與人體形態結構作連結。原型的架構與線條會因服裝設計流行、衣服合身程度、打版者個人的專業經驗、企業的生產需求而有不同的計算公式與繪製方法，任何的服裝結構都可以有一個原型，讓學習者模仿與使用者衍變。國內教育界最常使用的「文化式原型」（成人女子用原型）是日本文化學園大學以胸圍與背長尺寸為基礎繪製尺寸的比例式原型[1]（圖2-6）。

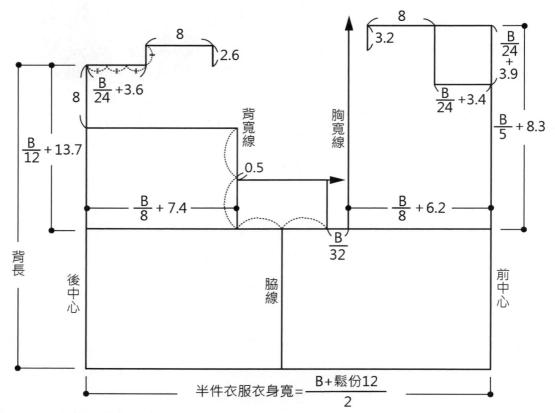

圖2-6(a)　文化式原型基礎公式

1　參見三吉滿智子，《服裝造型學理論篇Ⅰ》（東京：文化出版局，2000），頁131。

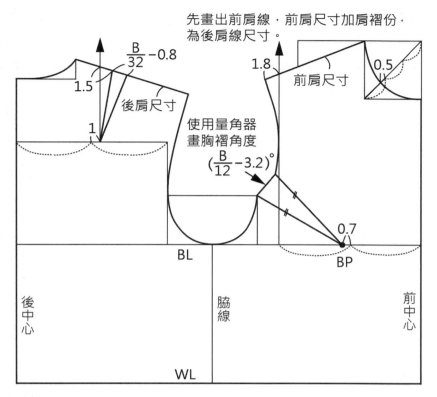

先畫出前肩線，前肩尺寸加肩褶份，為後肩線尺寸。

$\frac{B}{32} - 0.8$

1.5

後肩尺寸

1

1.8

前肩尺寸

0.5

使用量角器畫胸褶角度

$\left(\frac{B}{12} - 3.2\right)^\circ$

0.7

BL

BP

後中心

脇線

前中心

WL

圖2-6(b)　文化式原型輪廓線

　　人體胸圍尺寸以前身、側身、後身三個面向思考，可依前後腋點分為胸寬、背寬與側身寬三個部分（圖2-7），也就是人體胸圍＝胸寬＋背寬＋側身寬。胸寬是兩側前腋點處的胸部寬度，背寬是兩側後腋點處的背部寬度。以量身的方式不容易得到正確的身體曲面之側身寬度，通常以胸圍扣除胸寬與背寬尺寸的剩餘尺寸為側身寬度。

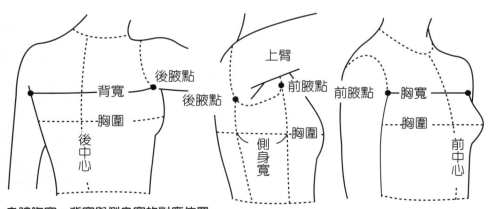

背寬

後腋點

後腋點

胸圍

後中心

上臂

前腋點

前腋點

胸圍

側身寬

胸寬

胸圍

前中心

圖2-7　身體胸寬、背寬與側身寬的對應位置

一般衣服的胸圍包覆尺寸為人體胸圍尺寸加上鬆份，胸圍包覆尺寸最少要加入人體胸圍尺寸的10%為基本需求的總鬆份量。文化式原型（成人女子用原型）的胸圍總鬆份量12cm，此鬆份量涵蓋了上半身的凸點：後身肩胛骨突出點、前腋點、後腋點、前身的乳尖點（BP），是原型構成形態上的必要尺寸（圖2-8）。

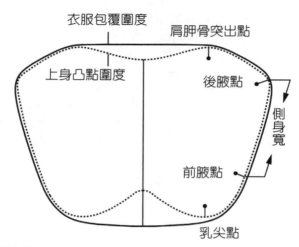

圖2-8　胸圍的水平斷面俯視圖

　　文化式原型的腰褶總量為胸圍尺寸加上基本鬆份12cm與腰圍尺寸加上基本鬆份6cm後的差數，腰褶位置基準為上半身的凸點，腰褶份量依身體凸點部位做比例分配（圖2-9）。

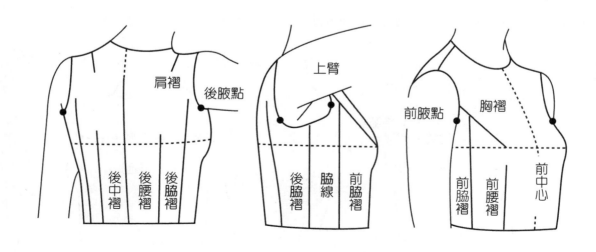

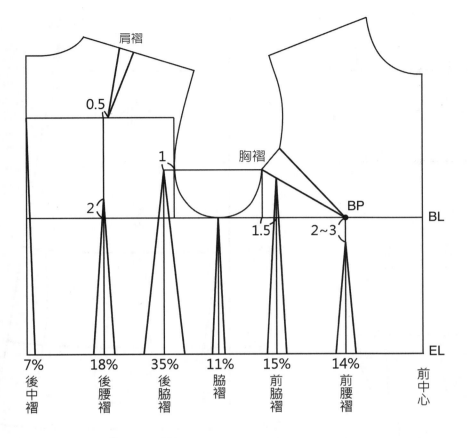

肩褶

0.5

胸褶

1

2

BP

BL

1.5

2~3

EL

7%	18%	35%	11%	15%	14%	
後中褶	後腰褶	後脇褶	脇褶	前脇褶	前腰褶	前中心

$$半件腰褶量 = (\frac{B}{2}+6) - (\frac{W}{2}+3) \quad 再依各褶所占百分比份量分配腰褶量$$

圖2-9　文化式原型腰褶分配

第二節　裙子版型設計

　　裙子是從腰圍垂掛而下的下半身服裝，平面製圖法以區分前身、後身、左身、右身的結構概念為製作版型時的基礎。裙長超過膝蓋時，應考慮跨步時活動需求，增加裙襬的寬度（圖2-10）。

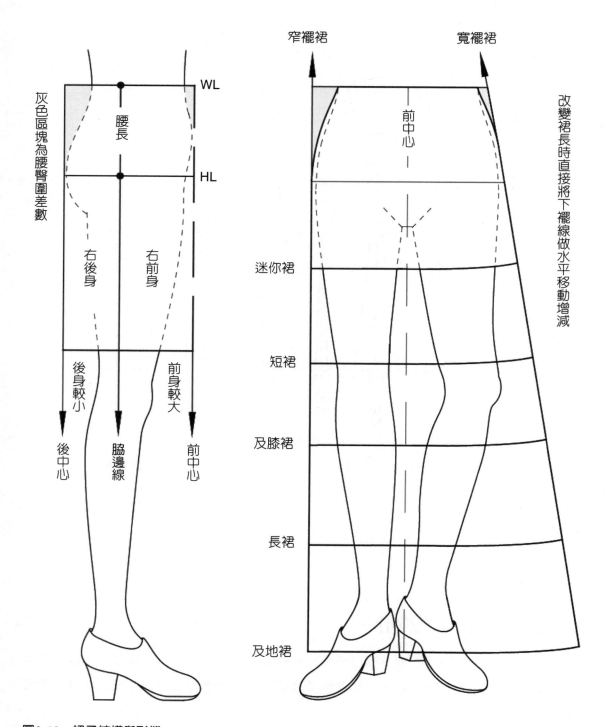

灰色區塊為腰臀圍差數

WL

腰長

HL

右後身　右前身

後身較小　前身較大

後中心　脇邊線　前中心

窄襬裙　寬襬裙

前中心

改變裙長時直接將下襬線做水平移動增減

迷你裙

短裙

及膝裙

長裙

及地裙

圖2-10　裙子結構與形態

一、直筒裙

結構最簡單的直筒裙，如同圍裹的腰布裙型，取長方形的裁片，長度為裙長，寬度為臀圍尺寸加上鬆份。

裙子只有後中心處一條接縫線，腰部以鬆緊帶或綁帶繫緊直接套穿，為腰部寬鬆式的裙型（圖2-11）。

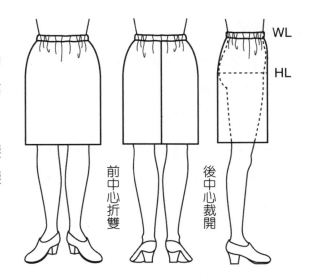

前中心折雙

後中心裁開

WL

HL

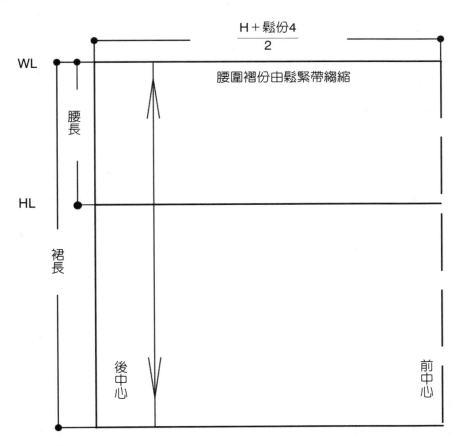

$$\frac{H＋鬆份4}{2}$$

WL

HL

腰長

裙長

後中心

前中心

腰圍褶份由鬆緊帶縐縮

圖2-11　一片構成的鬆緊帶直筒裙

二、窄裙

　　直筒裙利用鬆緊帶縮緊為合腰尺寸，在腰部會呈現出寬鬆的縐褶。臀圍處的鬆份愈多，腰部的縐褶就愈多，裙型在腰部就會愈膨出。

　　腰部合身的裙型需用身體活動所需求的基本鬆份量繪製版型（圖2-12），並計算腰與臀圍尺寸差數為腰褶份，採用車縫褶子的方式，是裙子款式變化的最基本型（圖2-13）。

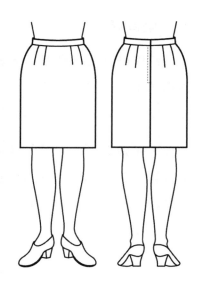

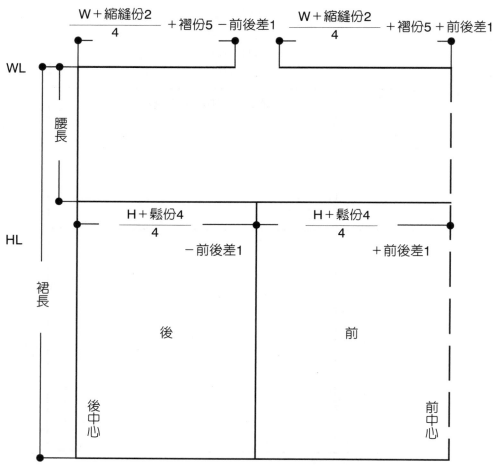

圖2-12　窄裙的基本結構線

腰褶份量為腰與臀圍尺寸差數，腰臀差愈大，腰褶份量愈多。腰褶為裙子立體化所必需，不可以省略。要改變褶份尺寸，可用改變裙子輪廓線或細部設計線的轉換方式。

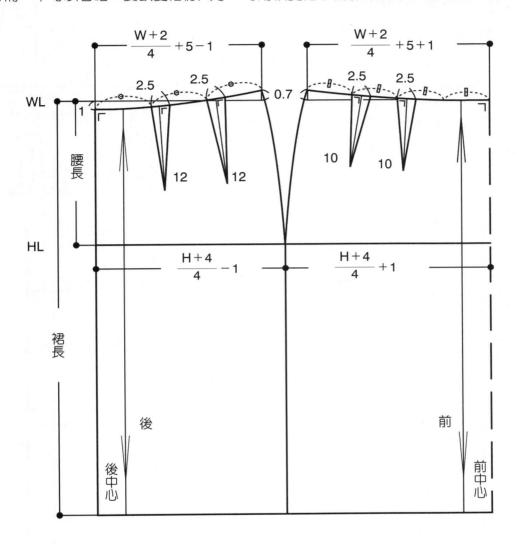

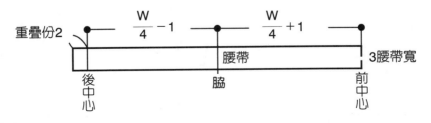

圖2-13　窄裙製圖

三、A字裙

　　A字裙是將臀圍以下的裙襬做斜向的展開,增加裙襬寬度(圖2-14)。因為脇邊線採用斜線,腰圍尺寸會向內縮小,等於少了一個腰褶的份量,腰圍所加的腰褶尺寸只有窄裙的一半(圖2-13)。

　　以窄裙或A字裙的架構為裙子的基本原型可以變化為多種款式的裙型。

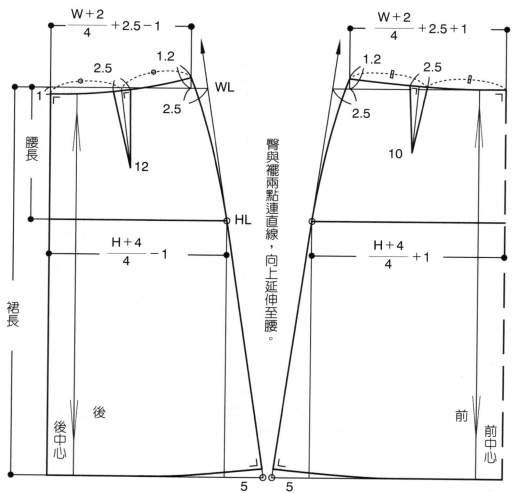

圖2-14　A字裙製圖

四、片裙

多片式裁剪的裙型：以A字裙的製圖為基礎原型，將臀圍尺寸與裙襬寬度尺寸各分為三等分，腰褶向等分中心移動，就成為前後共六裁片的片裙（圖2-15）。

將褶份移動於裁剪線內，不需單獨製作褶線，這是利用裁片剪接線處理褶份做出立體架構的方法。

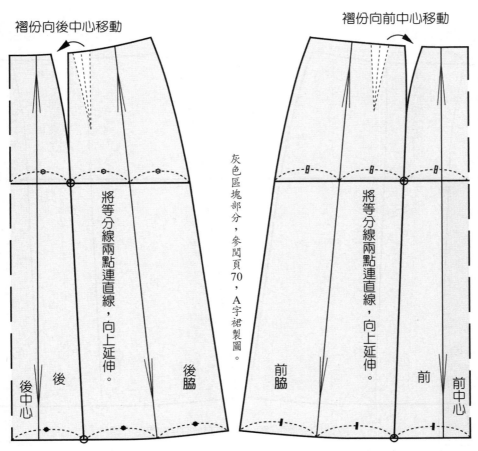

褶份向後中心移動

褶份向前中心移動

灰色區塊部分，參閱頁70，A字裙製圖。

將等分線兩點連直線，向上延伸。

後中心　後　　後脇

前脇　　前　前中心

將等分線兩點連直線，向上延伸。

圖2-15　片裙製圖

五、褶裙

    多片式裁剪的裙子，可藉由加入活褶份，將腰褶份與活褶份合併，使裁片相連成為一片，而裙型輪廓維持不變。以六片裙的製圖為基礎，將臀圍線水平延長，在剪接線處移動裁片，拉開活褶份，就能將裁片簡化（圖2-16）。

    裙襬圍度會因此加大，可增加行走時跨開步伐所需的活動量，裙襬圍度愈大，裙子的活動機能性愈佳。

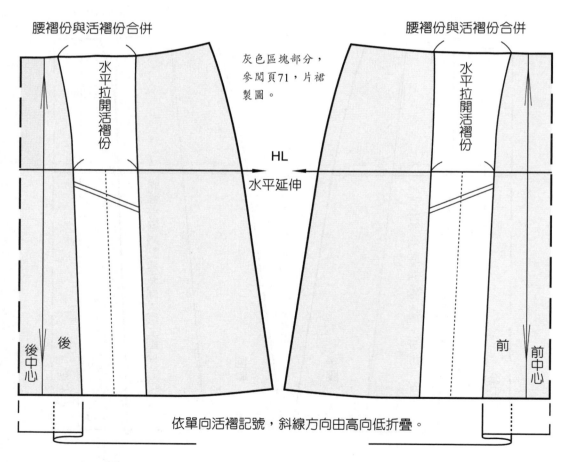

腰褶份與活褶份合併　　　　　　　　　腰褶份與活褶份合併

水平拉開活褶份　　　　　　　　　　水平拉開活褶份

灰色區塊部分，參閱頁71，片裙製圖。

HL
水平延伸

後中心　後　　　　　　　　　　　前　前中心

依單向活褶記號，斜線方向由高向低折疊。

圖2-16　兩條單向活褶裙製圖

六、腰帶剪接裙

改變剪接線條方向的裙型：以A字裙的製圖為基礎，在腰圍線下取橫向剪接線，變成另裁腰布剪接的設計款式（圖2-17）。

利用「褶子轉移」的方式，改變設計的線條：腰褶份先在紙型上合併，合併的腰褶份量會在剪接線處打開，可將直向的褶線量轉換為橫向的剪接線，利用剪接線處理褶份（圖2-18）。

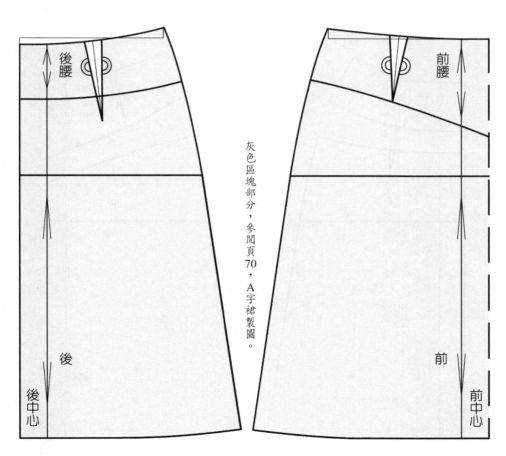

後腰　後　後中心

灰色區塊部分，參閱頁70，A字裙製圖。

前腰　前　前中心

圖2-17　腰帶剪接裙製圖

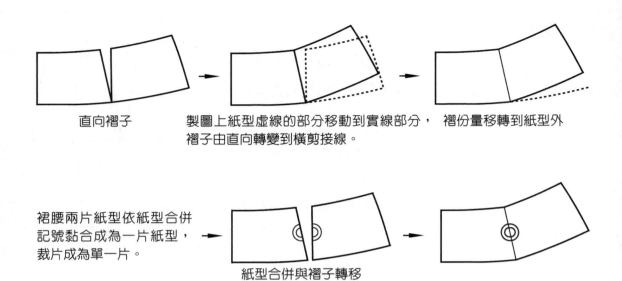

直向褶子　　　　製圖上紙型虛線的部分移動到實線部分，　　褶份量移轉到紙型外
　　　　　　　　褶子由直向轉變到橫剪接線。

裙腰兩片紙型依紙型合併
記號黏合成為一片紙型，　　→
裁片成為單一片。

紙型合併與褶子轉移

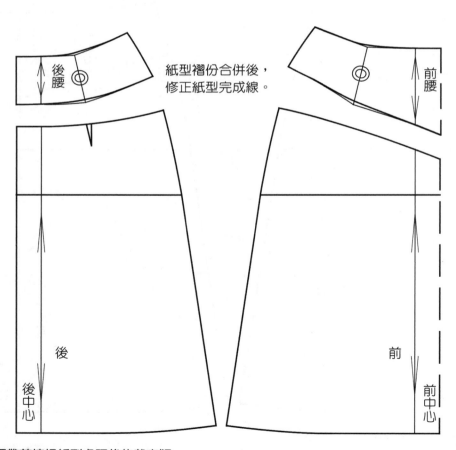

紙型褶份合併後，
修正紙型完成線。

後腰

前腰

後

前

後中心

前中心

圖2-18　腰帶剪接裙紙型處理後的裁布版

七、斜裙

　　使用褶子轉移方式改變裙型輪廓：以窄裙的製圖為基礎，將腰圍尺寸分為三等分後，腰褶位置向等分線移動。裙襬寬度尺寸分也為三等分，與褶尖點連成直線。紙型處理時先將裙襬等分線剪開，再將腰褶紙上折疊合併（圖2-19）。合併的腰褶份量會在裙襬處打開，這是將褶份從腰圍轉換到裙襬的褶子轉移方式，也就是褶份轉換成為裙襬的一部分（圖2-20）。

褶份向等分線移動　　　　　　　　褶份向等分線移動

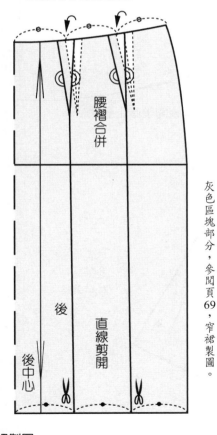
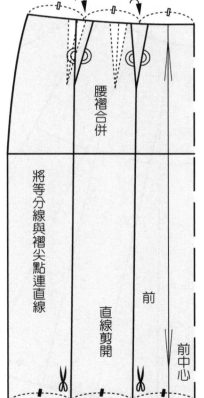

腰褶合併

直線剪開

後

後中心

灰色區塊部分，參閱頁69，窄裙製圖。

將等分線與褶尖點連直線

腰褶合併

直線剪開

前

前中心

圖2-19　斜裙製圖

脇襉加出斜度修順脇線，
脇襉所加出的斜度份量，
約襬圍展開份量的一半。

褶份合併後
修正腰圍線

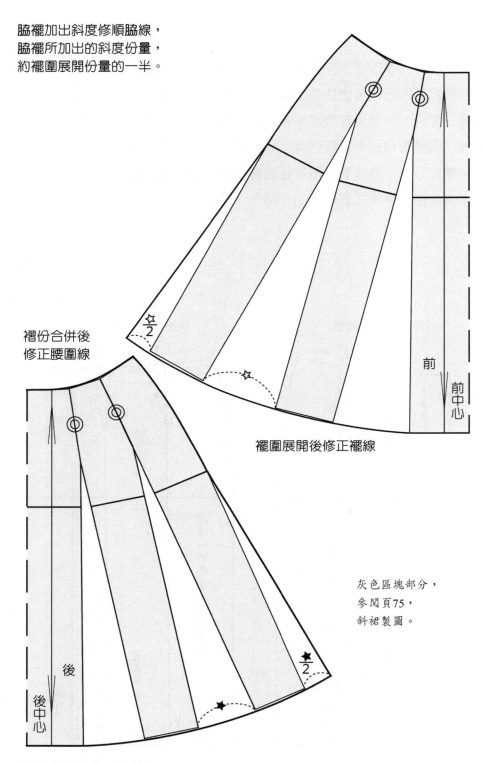

襬圍展開後修正襬線

灰色區塊部分，
參閱頁75，
斜裙製圖。

圖2-20　斜裙紙型處理後的裁布版

八、樽形裙

與斜裙使用相同的製圖版型，只是褶份開展的方向相反（圖2-21）。斜裙是將腰褶轉換到裙襬，成為下方開展的裙型；樽形裙則是將腰褶直接開展加大成為活褶，即腰、臀部膨出造型，上方開展的裙型（圖2-22）。

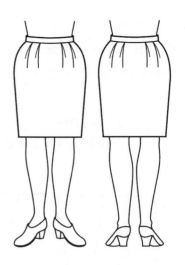

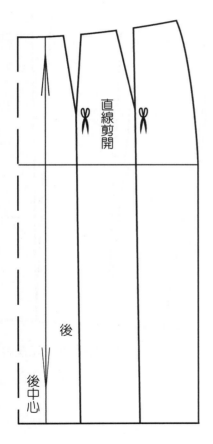

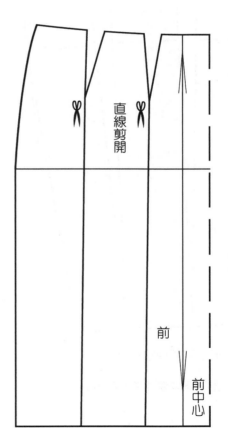

圖2-21　樽形裙製圖

腰褶開展加大成為活褶，活褶份量包含原有的腰褶份量。脇邊線在裙襬處縮小，強化裙型輪廓，凸顯臀部到腿之間的線條。活褶份量可以抽縫細褶的方式呈現，縮縫褶份的分配依照體型、造型決定。

腰褶份與活褶份合併，
腰圍展開後修正腰線。

腰褶份與活褶份合併，
腰圍展開後修正腰線。

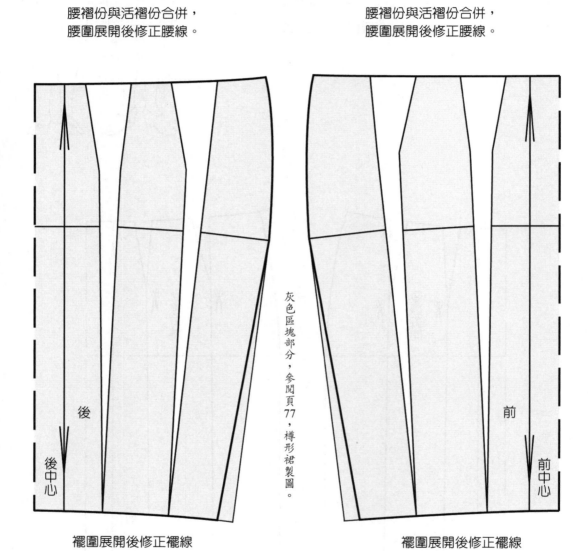

後

後中心

灰色區塊部分，參閱頁77，樽形裙製圖。

前

前中心

襬圍展開後修正襬線

襬圍展開後修正襬線

圖2-22　樽形裙紙型處理後的裁布版

第三節　褲子版型設計

　　褲與裙同屬下半身服裝，在結構上裙子以人體下半身為整體思考，褲子為兩腿分離的組合。褲子以兩個褲管分別包覆兩腿，在身軀與大腿分界的胯下部位以襠相連。從腰圍到臀圍和裙子結構相似，從臀圍到褲襠底要加出包覆大腿圍度的份量。因應日常活動前屈身、彎腰等大動作，後身臀圍到褲襠底需加長尺寸（圖2-23）。

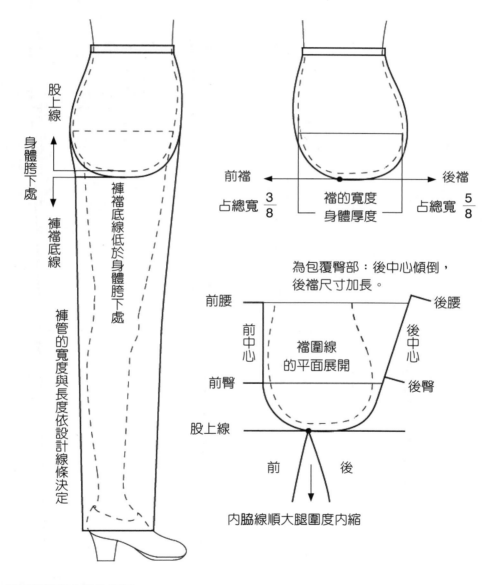

圖2-23　褲子結構與人體的關係

褲與裙從腰圍到臀圍之間的腰臀差、褶的位置是相同的，以窄裙的基本製圖為基礎，加出臀圍到褲襠底的襠圍寬度與長度，可以了解裙版與褲版的差異（圖2-24）。

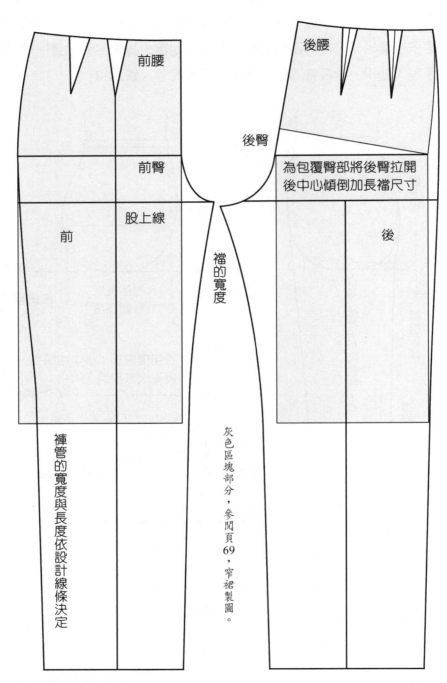

前腰

後腰

後臀

前臀

為包覆臀部將後臀拉開
後中心傾倒加長襠尺寸

股上線

前

後

襠的寬度

褲管的寬度與長度依設計線條決定

灰色區塊部分，參閱頁69，窄裙製圖。

圖2-24　褲版型與裙版型的差異

一、直筒褲

褲子的製圖，先畫出前片的架構為後片的基礎（圖2-25），再傾倒後中心線與加出褲襠底的厚度（圖2-26）。

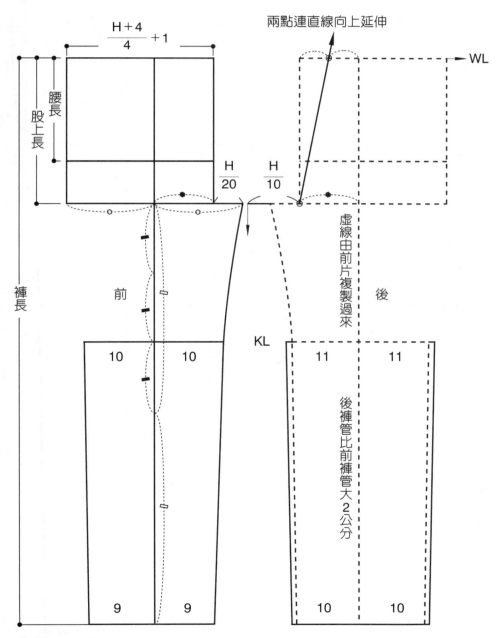

圖2-25　直筒褲的基本結構線

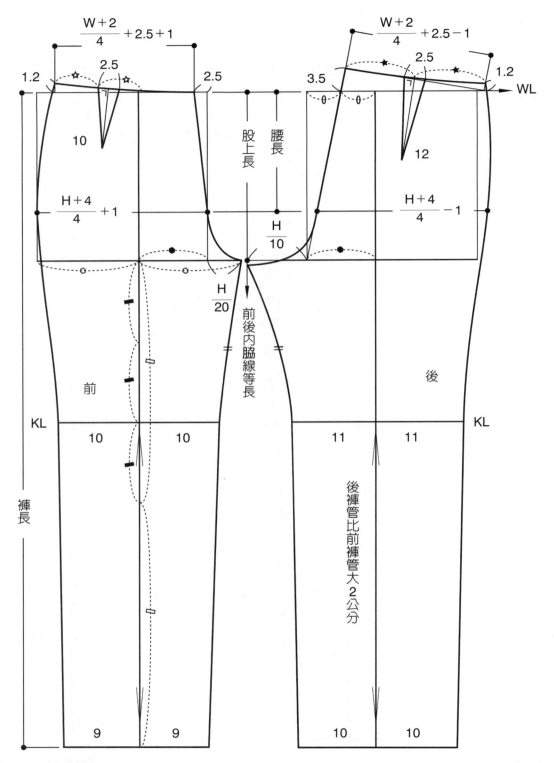

圖2-26　直筒褲製圖

二、窄管褲

　　以直筒褲的製圖為基礎，改變褲管寬度：褲管寬度改窄時，最窄的褲腳圍度應能使腳踝通過，才能順利穿脫。褲子的臀圍鬆份也可依合身度調整（圖2-27）。

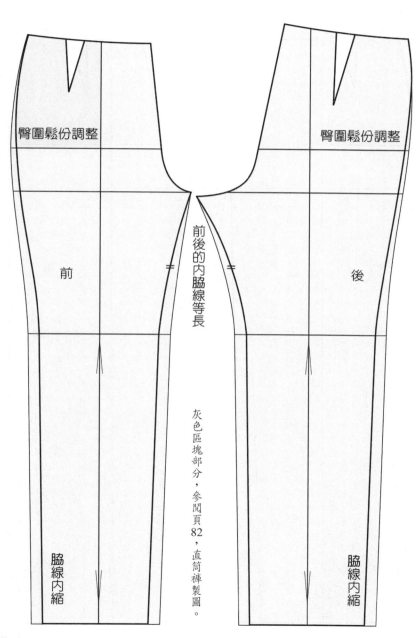

圖2-27　窄管褲製圖

三、寬管褲

改變臀圍線以下膝蓋與褲腳圍度尺寸，也會改變褲管寬度的造型，成為不同的設計
款式（圖2-28）。

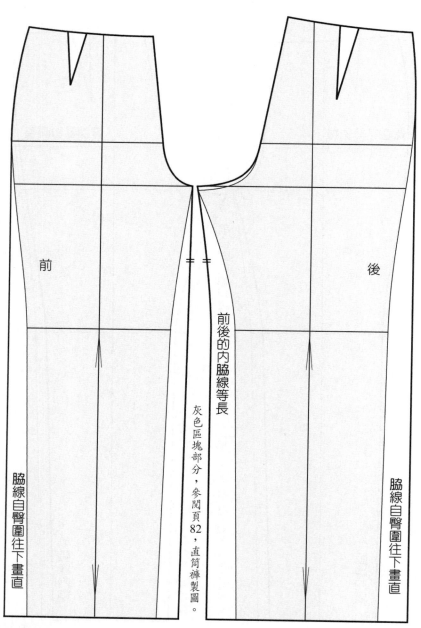

前

後

前後的內脇線等長

灰色區塊部分，參閱頁82，直筒褲製圖。

脇線自臀圍往下畫直

脇線自臀圍往下畫直

圖2-28 寬管褲製圖

當褲管成為直線的寬襬（圖2-28）、脇邊線成為直線時，可以直接併合外脇線，減少裁片數，這種方式多用在寬鬆式褲型（圖2-29）。

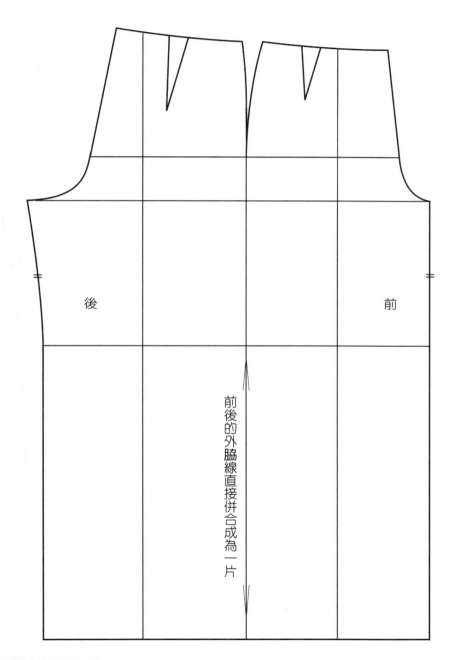

前後的外脇線直接併合成為一片

圖2-29　寬管褲的紙型合併

四、打褶褲

　　褲型的變化，也可以保留後身美麗的身體弧度曲線，只改變前片褶子的設計。直接將前裁片的中心線剪切展開，在臀圍處平行拉開增加鬆份，可於前片做大活褶的設計（圖2-30）。裁片整片展開份量不宜過大：展開的尺寸愈大，只有前片的膝蓋與褲腳圍度尺寸會增大，前裁片大於後裁片，比例上會失衡。

圖2-30　褲子前裁片的平行切展

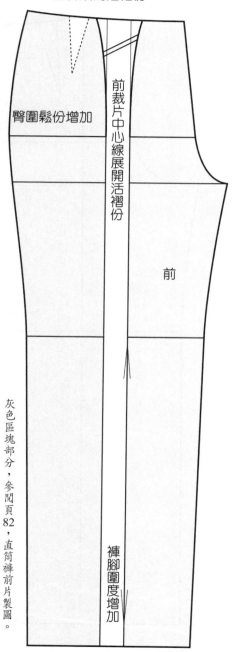

褶份移動至展開處
合併成為活褶份

臀圍鬆份增加

前裁片中心線展開活褶份

前

灰色區塊部分，參閱頁82，直筒褲前片製圖。

褲腳圍度增加

以前裁片的中心線剪切展開褶份方式，可採上下展開不同的尺寸，依設計需求來控制展開的位置。

只有腰圍尺寸展開、褲腳圍度尺寸不展開的方法，褲腳圍度尺寸就不會跟著變大（圖2-31）。

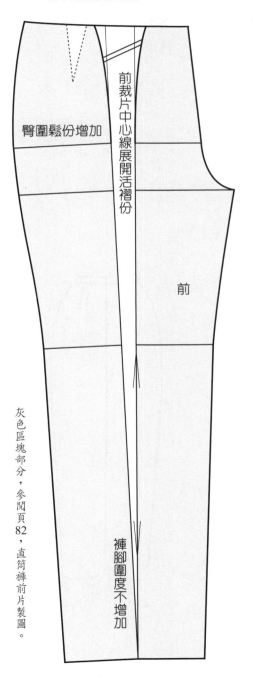

褶份移動至展開處
合併成為活褶份

臀圍鬆份增加

前裁片中心線展開活褶份

前

褲腳圍度不增加

灰色區塊部分，參閱頁82，直筒褲前片製圖。

圖2-31　褲子前裁片的腰線切展

腰圍展開的尺寸愈大，影響臀圍與膝蓋圍度尺寸也會增大，應做尺寸上的核對，確實掌握各部分的鬆份量（圖2-32）。後裁片若採用與前裁片相同展開的處理方式，褲型會變成上寬下窄的馬褲型。

腰褶份分為二，分別移動至展開處併入活褶份。

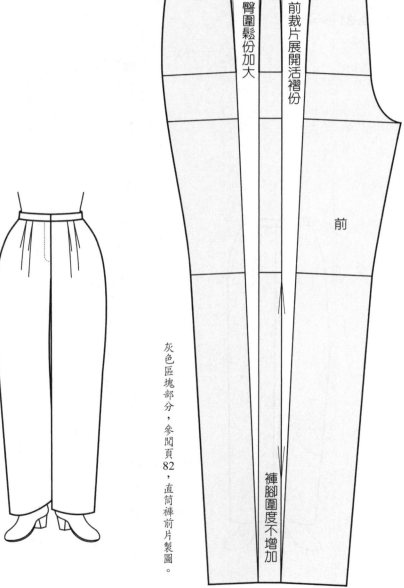

圖2-32　褲子前裁片寬鬆式的切展

臀圍鬆份加大

前裁片展開活褶份

前

灰色區塊部分，參閱頁82，直筒褲前片製圖。

褲腳圍度不增加

五、寬襬褲

　　與腰圍尺寸反向展開，就要採取腰褶合併的方式，也就是褶子轉移的概念。腰褶份量可部分轉移、部分車縫成尖褶（圖2-33），也可以全部合併轉移（圖2-34）；腰褶份量轉移愈多，襬圍展開的尺寸愈大。

腰褶份分為二，分別為車褶與轉移至褲襬。

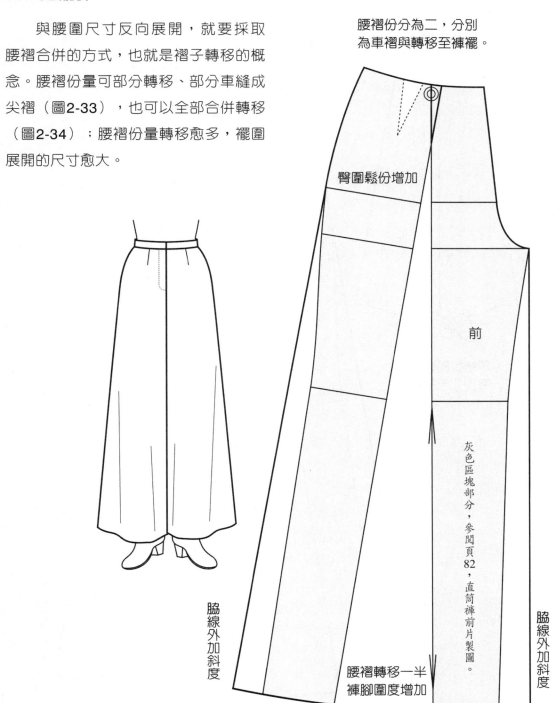

臀圍鬆份增加

前

脇線外加斜度

灰色區塊部分，參閱頁82，直筒褲前片製圖。

腰褶轉移一半
褲腳圍度增加

脇線外加斜度

圖2-33　褲襬的切展

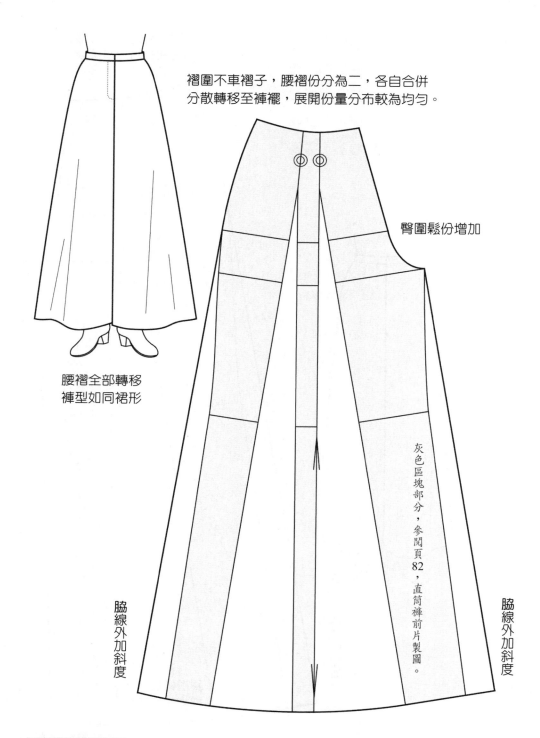

褶圍不車褶子，腰褶份分為二，各自合併
分散轉移至褲襬，展開份量分布較為均勻。

臀圍鬆份增加

腰褶全部轉移
褲型如同裙形

灰色區塊部分，參閱頁82，直筒褲前片製圖。

脇線外加斜度

脇線外加斜度

圖2-34　無腰褶的褲襬切展

第四節　上衣版型設計

一、合腰上衣

　　上身原型（圖2-6）繪製尺寸是以胸圍尺寸計算，將原型長度從腰線往下加長成為衣長，因為臀圍是人體三圍尺寸的最大圍度，衣長蓋過臀圍時，需考慮臀圍尺寸與鬆份量（圖2-35）。上衣穿著從肩垂掛而下，三圍的鬆份可依照設計款式適度地增加。

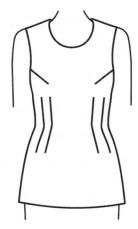

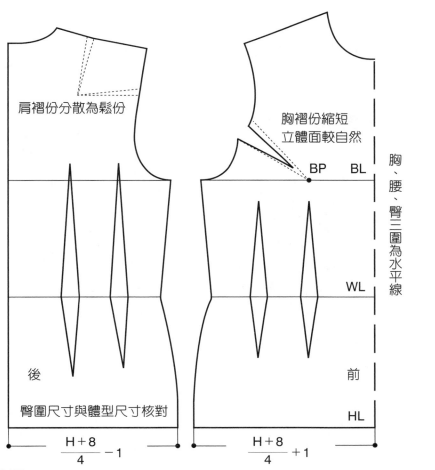

肩褶份分散為鬆份

胸褶份縮短
立體面較自然

BP　BL

後

前

WL

HL

臀圍尺寸與體型尺寸核對

$$\frac{H+8}{4}-1$$

$$\frac{H+8}{4}+1$$

胸、腰、臀三圍為水平線

圖2-35　合腰上衣製圖

二、半合腰上衣

　　原型中的腰褶份可以不做處理直接留為衣服的鬆份，做出均衡的寬鬆造型輪廓。腰圍製作單一褶子時，可將褶份寬度稍微增加，往兩褶中間移動，取得視覺上較佳的切割比例位置（圖2-36）。

　　褶子是為了做出人體曲線，其長度與寬度依曲線的強度決定，例如：胸部是小而高聳的面，需要集中、短而寬的褶子；腰、臀部是大弧度的面，需要分散、長而窄的褶子，因此單一的腰褶寬度雖可增加，卻不能無限制。

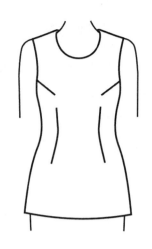

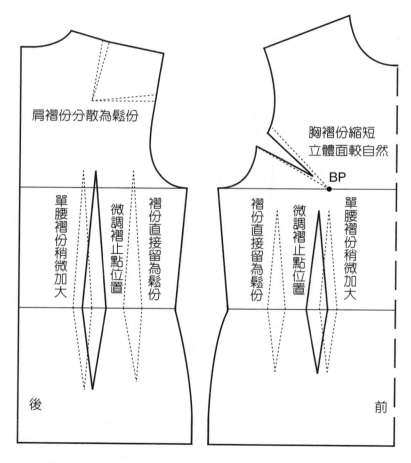

肩褶份分散為鬆份

胸褶份縮短立體面較自然

BP

單腰褶份稍微加大

微調褶止點位置

褶份直接留為鬆份

褶份直接留為鬆份

微調褶止點位置

單腰褶份稍微加大

後

前

圖2-36　半合腰上衣製圖

三、無腰褶上衣

在服裝構成上，全部褶份不做處理皆留為衣服的鬆份，是平面造型的思考法；也以更多的鬆份來包容人體的活動空間，就是製作一個平面空間的版型。平面的版型無須做出人體體型的輪廓線，所以不需要褶子，版型線條相對簡單（圖2-37）。

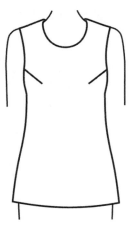

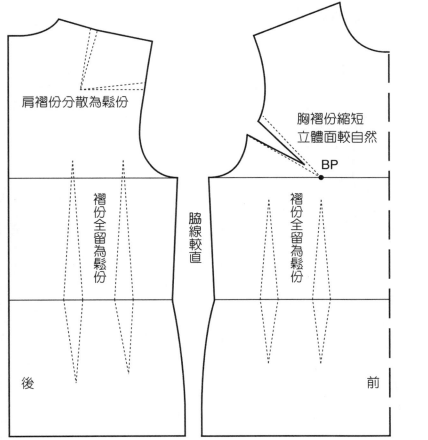

肩褶份分散為鬆份

胸褶份縮短
立體面較自然

BP

褶份全留為鬆份

脇線較直

褶份全留為鬆份

後

前

圖2-37　無腰褶上衣製圖

四、胸褶轉移

使用褶子轉移的方法，可改變胸褶的褶線方向與上衣的設計線（圖2-38）。

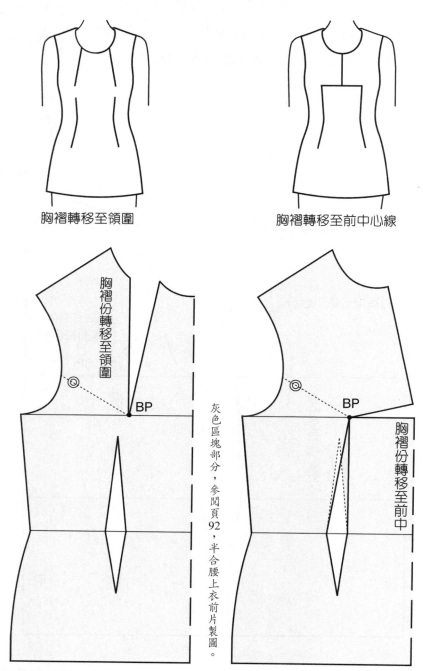

胸褶轉移至領圍　　　　　　　　胸褶轉移至前中心線

圖2-38　上衣前身的胸褶轉移

五、褶份合併

使用褶子合併的方法，可減少上衣的褶線數（圖2-39）或改變輪廓造型（圖
2-40）。

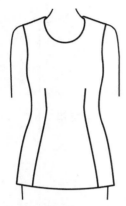

胸褶與腰褶合併後，
褶份車縫成為尖褶，
合腰造型不變。

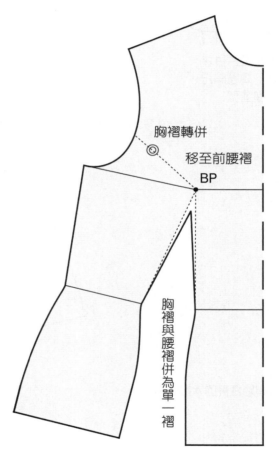

胸褶轉併

移至前腰褶

BP

胸褶與腰褶併為單一褶

灰色區塊部分，參閱頁92，半合腰上衣前片製圖。

圖2-39　上衣褶線合併的合腰造型

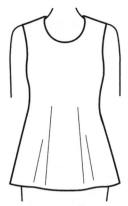

胸褶與腰褶合併後，
轉移為下襬展開份，
成為Ａ襬造型。

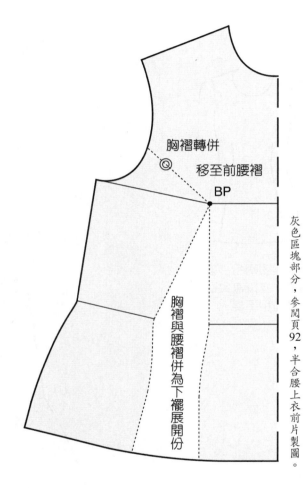

胸褶轉併

移至前腰褶

BP

胸褶與腰褶併為下襬展開份

灰色區塊部分，參閱頁92，半合腰上衣前片製圖。

圖2-40　上衣褶線合併的Ａ襬造型

六、袖的構成

將前、後原型的肩線延長繪製袖子的中心線，可以清楚衣身與袖子相對應的關係。在袖襱（AH）下半部衣身與袖子為反轉的曲線，呈現衣、袖重疊的狀態（圖2-41），重疊的部分為增加袖子活動機能性的份量。

前、後袖中心線合併後的裁片，與直接以衣身袖襱尺寸製圖得到的基本袖裁片（圖2-42）是相同的。平面製圖的方法雖不同，仍可以得到相同的結果。

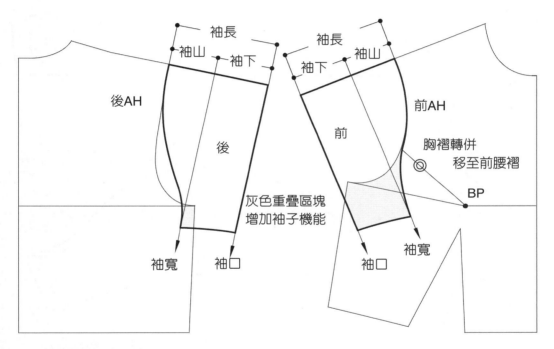

圖2-41　由身片延伸的連袖製圖

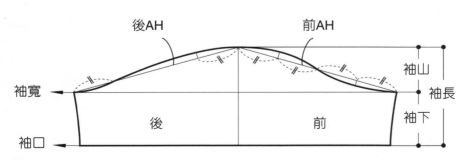

圖2-42　以袖襱尺寸製圖的基本袖

以基本袖的製圖為基礎，使用紙型直接切展的方式改變袖型輪廓：從袖中心線直接拉開寬度，為袖山與袖口整個袖型膨起的款式；只有袖山拉開寬度，為袖型上方膨起的款式；只有袖口拉開寬度，為袖型下方膨起的款式（圖2-43）。展開的份量依所設計的造型款式決定，展開的份量愈大，袖褶份愈多，袖型愈膨。袖襱與袖口尺寸，可依照各自不同的褶份量做展開。

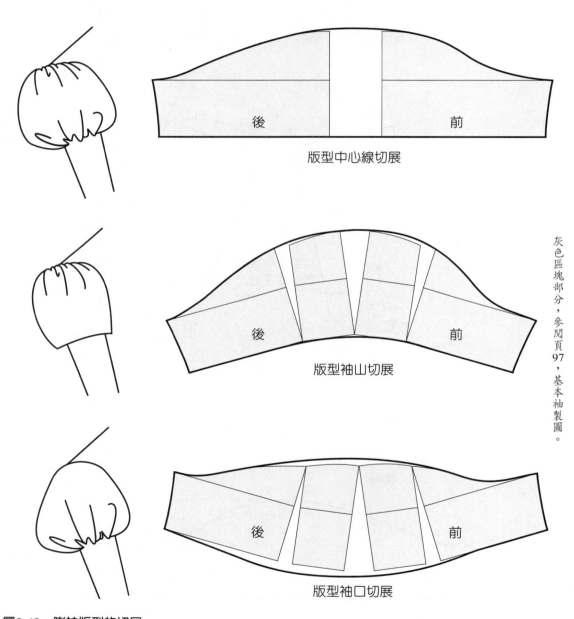

版型中心線切展

版型袖山切展

版型袖口切展

圖2-43　膨袖版型的切展

灰色區塊部分，參閱頁97，基本袖製圖。

第五節　版型設計變化的方法

一、以原型變化版型

在打版製圖的過程中，以原型為基礎針對服裝款式設計要求，再加以長短、寬窄的調整與結構線細節的變化，就能迅速地將圖版尺寸與人體形態結構作連結，對於製圖尺寸比較容易掌握。

任何的服裝結構都可以有一個原型，上衣以無領、無袖、及腰的短衫為原型（圖2-44），裙子常以窄裙、A字裙為原型（圖2-45），褲子常以合身的直筒褲為原型（圖2-46）。

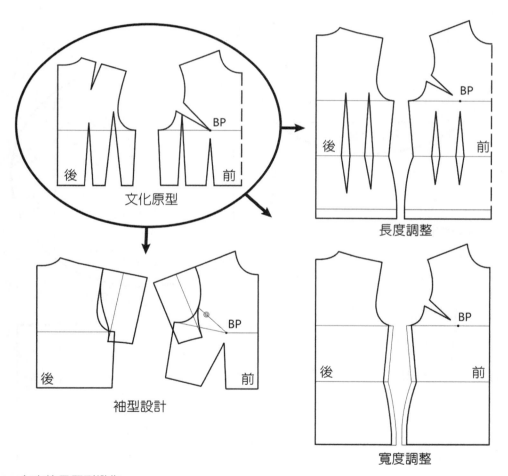

圖2-44　上衣使用原型變化

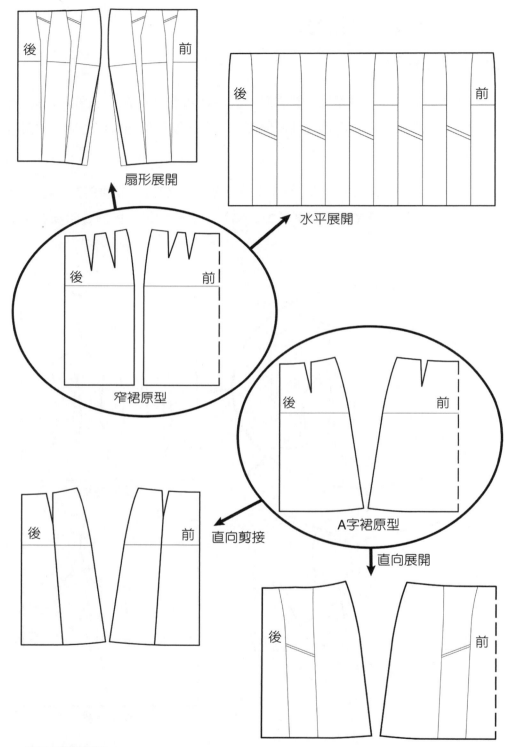

扇形展開

水平展開

窄裙原型

A字裙原型

直向剪接

直向展開

圖 2-45　裙子使用原型變化

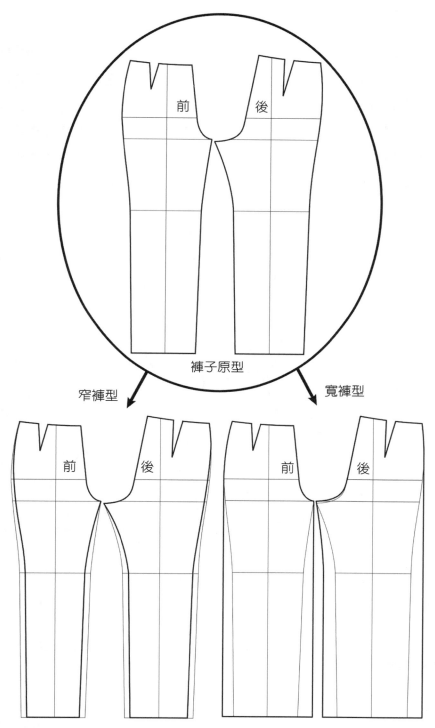

前　後

褲子原型

窄褲型　　　　　　　　　　　寬褲型

前　後　　　　　　　　　前　後

圖 2-46　褲子使用原型變化

二、褶線的合併與開展

　　立體的服裝版型依身體曲線弧度產生褶份量，褶尖指向的位置就是身體的凸面，上身的凸面為前胸與後肩胛骨，下身的凸面為前腹部與後臀。在製版的過程中，應維持褶尖指向的位置不變，但是可利用轉移的方式改變褶子呈現的方向。褶向轉移的過程，因應身體凸面所產生的褶子角度不會改變，但角度開口愈長，褶子寬度就愈寬，版型的面積就愈大。胸褶轉移為例（圖2-47）：將胸褶份量轉移至衣襬，褶子角度開口長，褶子寬度最大；胸褶份量轉移至前中心，褶子角度開口端，褶子寬度最小。

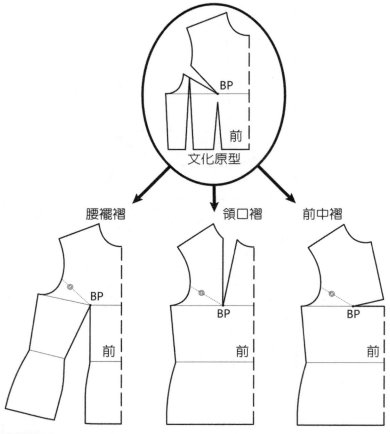

圖 2-47　上衣結構線變化

裙褲版型利用褶子轉移可加大襬圍尺寸或褶接縫線的方向（圖2-48、圖2-49）。

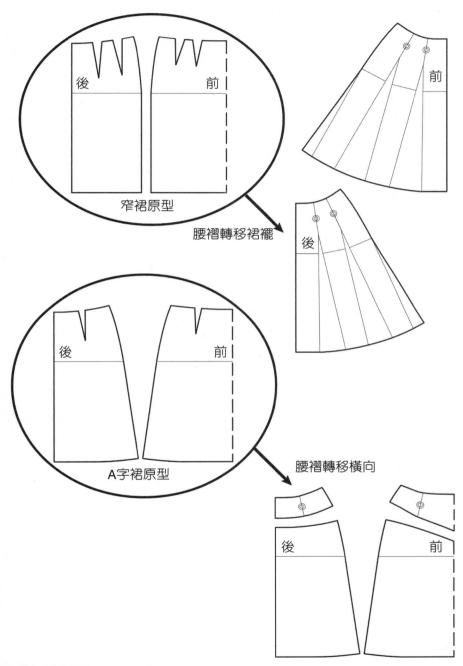

窄裙原型

腰褶轉移裙襬

A字裙原型

腰褶轉移橫向

圖 2-48　裙子結構線變化

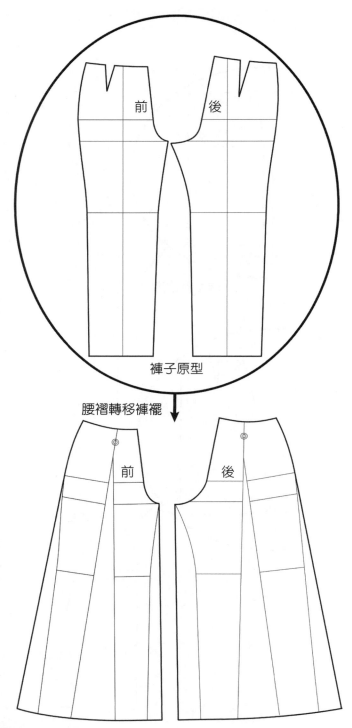

前　後

褲子原型

腰褶轉移褲襬

前　後

圖 2-49　褲子結構線變化

3

簡化裁剪線的版型實例

服裝立體結構的要點為褶線與剪接線，在服裝版型中如何安排褶線、剪接線位置與份量，需考量體型與整體設計，優良的服裝版型結構應追求使用者能感受最佳機能且能穿著輕鬆舒適。

　　服裝依穿著目的和穿著需求不同，所採取的材質、生產製作方法、造型裝飾方式就有差異性。以相同輪廓外形的服裝為例，採用不同的切割概念，就會有不同的結構線：將衣、裙視為一體，衣服的裁片數會少於衣裙上下分裁再縫合；進一步將衣、袖、裙視為一體，衣服的裁片數可以再減少（圖3-1）。

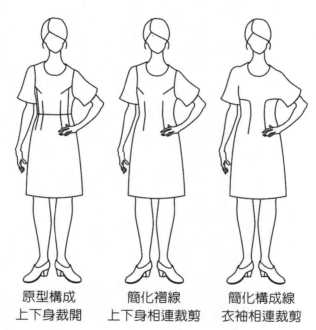

原型構成　　　　簡化褶線　　　　簡化構成線
上下身裁開　　上下身相連裁剪　　衣袖相連裁剪

圖3-1　服裝裁剪線的簡化

　　就結構面而言：上身原型依照上半身最大圍度胸圍取尺寸，褶子的位置與尺寸也以上半身的凸點考量；裙、褲的基本型依照下半身最大圍度臀圍取尺寸，褶子的位置與尺寸也以下半身的凸點考量。將上身原型與裙、褲的基本型組合成為一件式的合身衣時，腰線裁開、上下身各自車縫褶份，為理想的平衡狀態（圖3-2）。

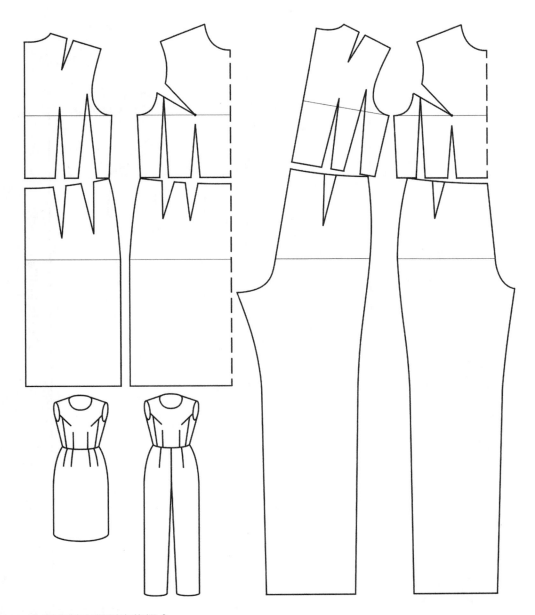

圖3-2　上下身基本原型衣的組合

　　腰線裁開、上下身各自車縫褶份的合身型服裝雖有鬆份均衡的理想狀態，但是多條的褶線與切割線卻破壞了設計的美感。上身服裝長度要往下延伸，需考慮與下身服裝的褶線位置的轉移與鬆份分配，例如褶止點指向微調取上下身凸點的中間平衡點，或將上下身的褶份差留為寬鬆份（圖3-3）。

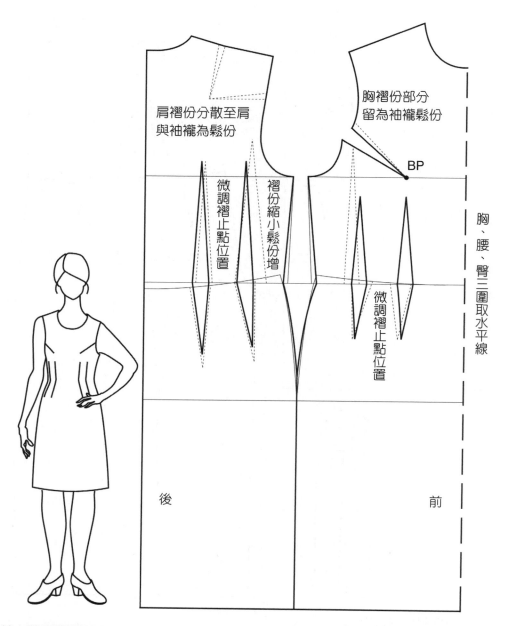

肩褶份分散至肩
與袖襱為鬆份

胸褶份部分
留為袖襱鬆份

BP

微調褶止點位置

褶份縮小鬆份增

微調褶止點位置

胸、腰、臀三圍取水平線

後　　　　　　　　　　前

圖3-3　基本連身洋裝版型

以高彈性的針織料製作緊身的連衣褲版型,將多餘的鬆份直接由接縫線扣除,這是以平面結構思考合身款式的方法(圖3-4),不可使用在梭織無彈性的質料。在服裝裁剪線簡化過程中,版型的立體架構與機能性是不可以忽略的。

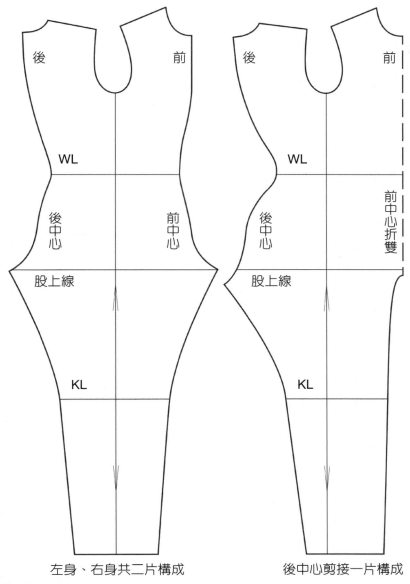

左身、右身共二片構成　　　　　　後中心剪接一片構成

圖3-4　針織連身韻律裝版型

圖片引用:Helen Joseph-Armstrong. *Patternmaking for Fashion Design, Fourth Edition*, pp.628-629.

第一節　簡化裁片的服裝版型

從十字對稱形開始發展的服裝平面結構來看，肩線相連、脇線相連或衣袖相連為簡化裁剪線的第一步。在簡化接縫線的同時，往往也簡化了裁片數，這樣的過程正符合精、簡製作工序的訴求。

一、嬰兒內衣

嬰兒內衣是簡單平面構成的服式，相同的輪廓款式可採用不同裁切線，裁切線不同，在製作的工序上自然也不同。

1. 三片構成的版型：脇線相連直裁法

前後片脇線相連裁剪時、可採後中心線折雙，身片成為一片式，另外再接縫袖片，共有三片裁片，身片與袖片皆為直布紋（圖3-5）。

脇線相連裁剪的裁片為形狀對稱長方形，裁剪時損耗的碎布空間小，是最節省用布的方法。但是，嬰兒服的袖襱尺寸比較小，袖子又採用接縫車合，為製作上較耗工的裁剪方式。就成本計算而言，使用這種裁剪方式，在省布與省工之間只能擇一考慮。

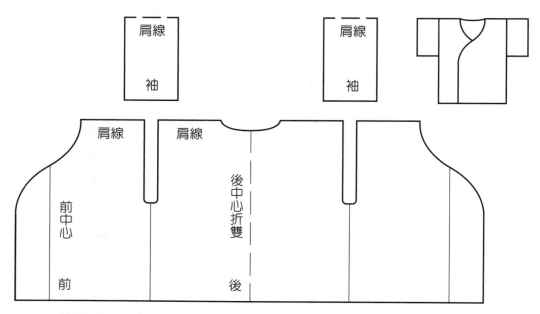

圖3-5　三片構成的嬰兒內衣

2. 二片構成的版型：肩線相連直裁法

　　前後片肩線相連裁剪時，袖片可以取連袖由身片延伸，因為前身片有交疊份量，後中心線不能折雙，身片需裁剪成為二片裁片（圖3-6）。身片為直布紋、袖片為橫布紋，仍屬於經緯紗線直向交錯的正裁方式。

　　肩線相連裁剪的裁片為形狀對稱十字形，裁剪單一件時四邊角落都要裁掉，較浪費布。量產時可以交錯排版，降低用布的耗損率，製作時車縫較為簡易，是成衣最常用的裁剪法。

　　十字型裁片是平面結構發展的基本型，依手臂平舉時的人體形態裁剪，忽略人體身體厚度尺寸，也沒有人體動作的考量。很多簡易的服裝自學版型，會以這類平面結構為基礎，服裝呈現寬鬆的形態。平面結構的服裝，無法做出合身度高且機能性佳的衣服。

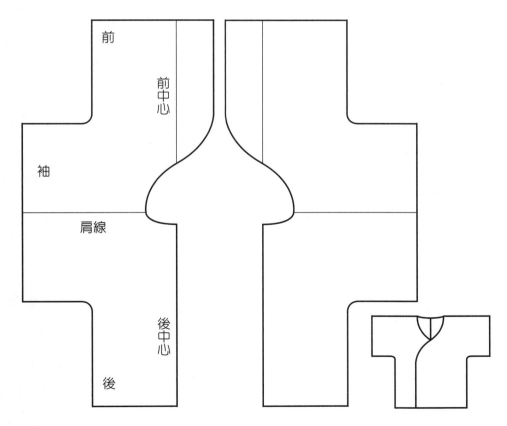

圖3-6　二片構成的嬰兒內衣

3. 一片構成的版型：肩線相連斜裁法

　　肩線除了以水平方式相連，順應肩線斜度裁剪也是常用的方式。肩線採用斜線，前身片會有交疊份量，後中心線直接折雙，只需裁剪一片裁片（圖3-7）。這樣的結構在後衣身片仍維持經緯紗線直向交錯的的正裁狀態，前衣身片會變成經緯紗線斜向交錯的斜裁狀態。

　　一片構成款式裁剪時的損耗與肩線相連裁剪方式相似，製作時只要車縫兩道脅線，更為節省製作工序。這種內衣裁剪方法因為肩線採用斜向相連裁剪，不僅合乎體型，還有足夠的前身交疊份量，後中心線可以折雙，裁片因此簡化。但在簡化的過程中前身裁片呈現斜紋走向，布料紋路的斜度需考量不同布料織紋的差異性，經緯紗線呈現斜向交錯時有較大的延展性，會呈現不穩定的狀態，在製作過程中容易拉扯變形。所以在打版過程中，必須將此要點仔細斟酌拿捏，使衣服的布紋可以維持穩定狀態。

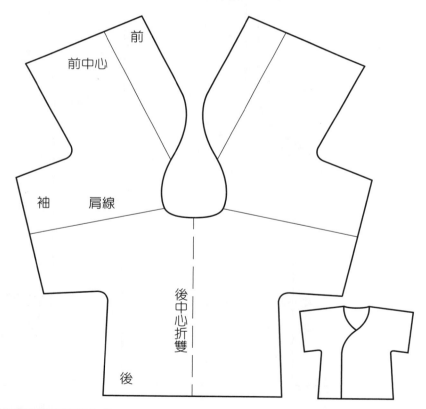

圖3-7　一片構成裁剪的嬰兒內衣

二、童褲

褲裝發展是由兩只筒狀的褲管加上可包容身體立體厚度的襠布結構，以構成簡單的童褲來看裁片簡化的架構，改變襠的形式就可以改變裁片數，甚至以簡易的形態就可以簡化成為一片。

1. 四片構成的版型：裁片分裁法

四片構成的褲子版型為基本的褲子結構，也是使用最廣泛的一種（圖3-8）。

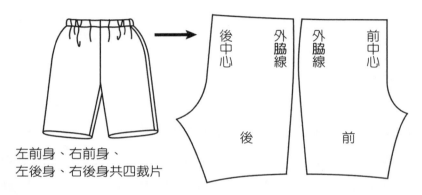

左前身、右前身、
左後身、右後身共四裁片

圖3-8　四片構成的童褲

2. 三片構成的版型：中心線取雙法

以圓形裁片為胯下襠布，與插片裁剪的有襠褲結構相似（圖3-9）。

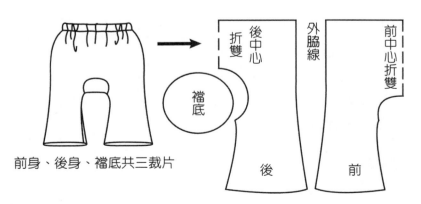

前身、後身、襠底共三裁片

圖3-9　三片構成的童褲

圖片引用：月居良子，《愛情いっぱい 手作りの赤ちゃん服》，頁58。

3. 二片構成的版型：脇線相連裁剪法

前後片外脇線畫直線後相連裁剪，通常為寬鬆褲子的版型（圖3-10）。

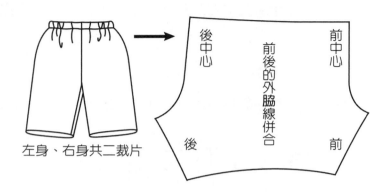

左身、右身共二裁片

圖3-10　二片構成的童褲

4. 一片構成的版型：中心線取雙、脇線相連裁剪法

構成的方式與馬褲相同，利用馬蹄形的接合線在胯下做出包容身體厚度的立體空間（圖3-11）。立體結構的褲版在裁片簡化的過程，常以較多的鬆份來作出寬鬆的形態，例如運動褲、民俗褲。合身的款式必須依賴四片構成多裁片裁剪的拼接組合或布料的彈性輔助，才能縫製成完美的合體曲線（圖3-8）。

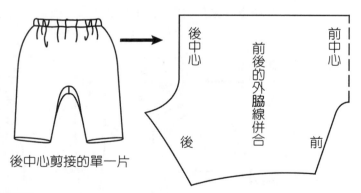

後中心剪接的單一片

圖3-11　一片構成的童褲

圖片引用：月居良子，《愛情いっぱい 手作りの赤ちゃん服》，頁46。

三、Madame Vionnet幾何裁剪外套

　　法國設計師Madame Vionnet的斜裁法（bias cut）[1]，以布料的斜布方向裁剪來對應人體形態，使衣服可以貼身顯露身體曲線。Vionnet的作品（西元1912年～西元1939年）將衣服的切割線條依據體型的立體面與布料的垂墜度考量，以立體裁剪的手法在人檯上操作，不用參照平面打版的數學公式計算，更能掌握欲呈現的設計要點。

版型分析

　　Vionnet於西元1932年發表天鵝絨材質的外套，前後身片採用直布紋裁剪，後身連袖延伸至前方成為拉克蘭剪接線，配合體型製作肩褶與肘褶（圖3-12）。這款外套版型將身體依照幾何形狀分割，以不同大小尺寸與形狀的裁片組合，利用裁片面與面的拼接成為符合身體的立體曲線（圖3-13）。也就是依照身體部位形態做剪接線的設計，利用剪接線將褶份轉換，衣服呈現立體感卻不需車縫出褶線。版型設計以布料面的切割轉換衣服立體的方式，可善用於服裝裁剪線簡化的過程。

圖3-12　幾何裁剪的連袖外套

圖片引用：Betty Kirke. *Madeleine Vionnet*, pp.149.

1　參見Betty Kirke. *Madeleine Vionnet* (San Franciscot: Chronicle Books, 2012), pp.54.

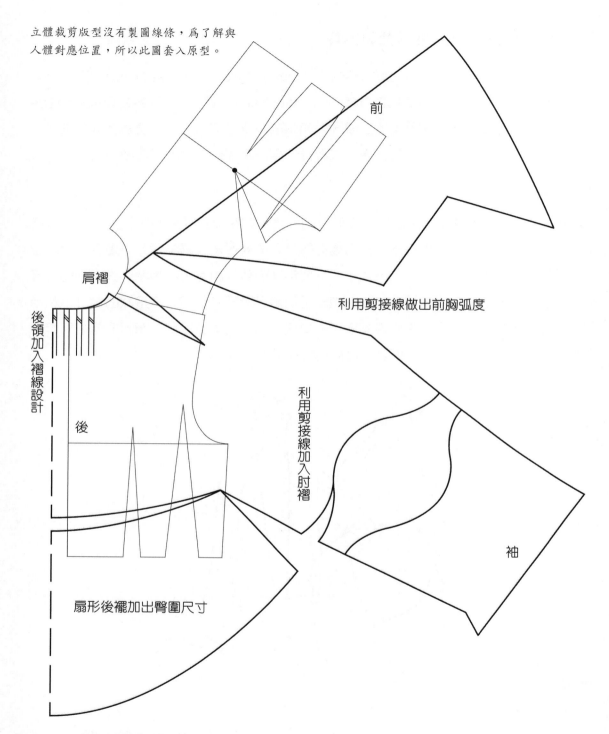

立體裁剪版型沒有製圖線條，為了解與
人體對應位置，所以此圖套入原型。

前

利用剪接線做出前胸弧度

肩褶

後領加入褶線設計

後

利用剪接線加入肘褶

袖

扇形後襬加出臀圍尺寸

圖3-13　幾何裁剪的連袖外套版型

圖片引用：Betty Kirke. *Madeleine Vionnet*, pp.148.

四、Madame Vionnet斜紋裁剪禮服

Vionnet擅於運用幾何形狀裁片的裁剪與縫製技巧，來調整布料斜向延伸易變形的效果，做出漂亮的造型。立體裁剪常運用斜裁方式，表現像捲衣形式服裝的垂墜飾褶，尤其以經緯紗線呈現45°的「正斜」交錯時效果最明顯。但是就平面裁剪而言，斜裁的特點會使服裝結構呈現不穩定的狀態，採用左右不對稱設計線時，布紋經線與緯線在左右身走向不同，垂墜度就會有左右身不同的狀況，更增加製作過程中的不確定性，因此使用斜裁結構來設計服裝，必須了解布料的織法、布質的狀態並掌握布紋的穩定性。

版型分析

Vionnet於西元1936年發表絲質縐紗的禮服，前後身片為四分之一圓形裁片，中心線採用正斜布紋裁剪。前身裁片延伸出左袖，後身裁片延伸出右袖，左右肩採用單邊有拉克蘭剪接線的左右不對稱設計。腋下嵌入袖下襠布，以增加連袖款式的活動機能（圖3-15）。

Vionnet使用的斜布垂墜紋路調整方法，是將裁片的經緯紗線取等距畫線後，固定三角點、下緣吊上小鉛錘靜置一晚，再觀察經緯紗記號線歪斜垂墜的情況做修正[2]（圖3-14）。

這樣的方法可以有效掌握裁片經緯紗線的穩定性，但是對於成衣量產上所有產品需有同一標準的垂墜性要求，在品質控管上有相當的難度。採用高度斜裁方式的版型，適用少量訂做的服裝，不適宜大量生產的服裝。

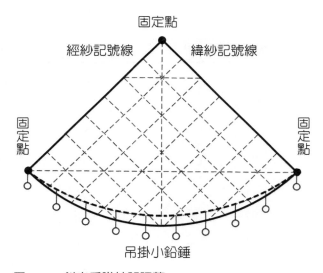

圖3-14　斜布垂墜紋路調整

圖片引用：Betty Kirke. *Madeleine Vionnet*, pp.87.

2　參見Betty Kirke. *Madeleine Vionnet* (San Franciscot: Chronicle Books, 2012), pp.86.

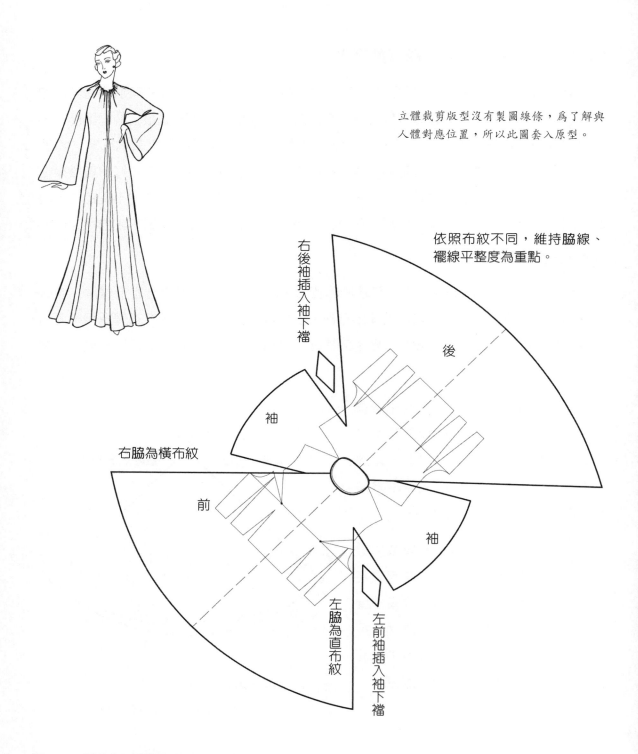

立體裁剪版型沒有製圖線條，爲了解與
人體對應位置，所以此圖套入原型。

依照布紋不同，維持脇線、
襬線平整度爲重點。

右後袖插入袖下襠

後

右脇爲橫布紋

袖

前

袖

左脇爲直布紋

左前袖插入袖下襠

圖3-15　四分之一圓的斜裁禮服

圖片引用：Betty Kirke. *Madeleine Vionnet*, pp.86-87.

五、Madame Vionnet結構變化設計洋裝

　　西元2001年日本文化學園大學的Vionnet研究小組從人體形態特徵實測Vionnet服裝結構的功能性，針對服裝結構設計與布料紋路的運用計算重新製作了實物[3]，更進一步創作設計系列作品，運用於可量化生產的成衣商品（圖3-16）。

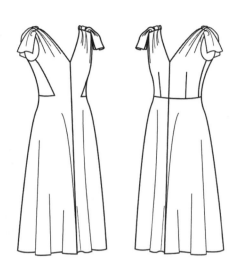

圖3-16　Vionnet結構變化設計的斜裁洋裝

　　Vionnet服裝結構的重點為輪廓形狀簡單，善用方形、三角形、圓形裁片巧妙地拼接或扭轉出服裝的立體架構與垂墜裝飾。服裝版型參照人體的結構以襠布角度嵌接的方式製作出合乎體型、動作需求的服裝，完全不用考量平面製圖預設的肩、脇等基本接線。

版型分析

　　前身片採用正斜布紋裁剪，裙片為接近半圓型的斜裙，可以呈現效果極佳的垂墜感。後身片採用直布紋裁剪，脇側取三角形的裁片延伸至前身，嵌入前身在腋下的切口，撐出一個立體結構面（圖3-17）。

3　文化服裝學院ヴィオネ研究グループ根據Betty Kirke. *Madeleine Vionnet*書內服裝結構與版型的立體化做了研究與重製。於西元2003年集結28件款式出版成書，提供學生深入學習Vionnet服裝的參考依據。參見文化服裝學院ヴィオネ研究グループ，《VIONNET副読本》（東京：文化出版局，2003），頁6。

立體裁剪版型沒有製圖線條，爲了解與
人體對應位置，所以此圖套入原型。

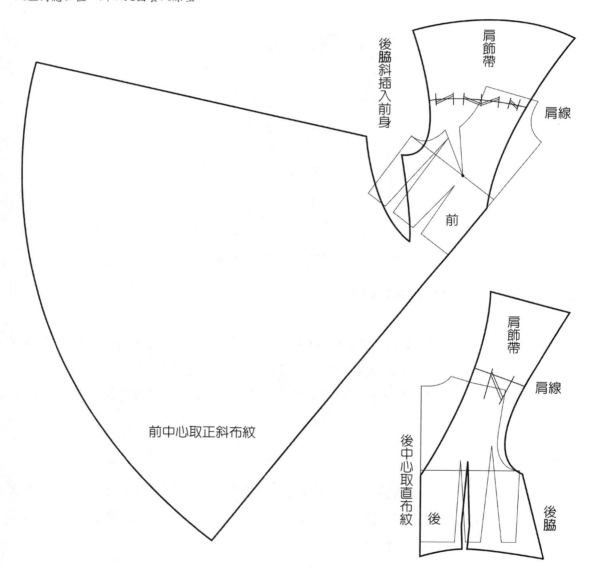

後脇斜插入前身

肩飾帶

肩線

前

前中心取正斜布紋

肩飾帶

肩線

後中心取直布紋

後脇

後

圖3-17　Vionnet結構變化設計的斜裁洋裝版型

圖片引用：文化出版局，《ミセスのスタイルブック2003年初夏号》，頁119。

六、三宅一生簡化裁片構成短衫

日本設計師三宅一生（Issey Miyake）將Vionnet的立體裁剪概念發揮，不拘束於傳統的服裝結構打版，使用極少的剪接直線塑造出可包裹人體的立體空間，服裝與穿著者的契合才是設計的最終目的（圖3-18）。

三宅一生系列作品[4]，西元1989年的「PLEATS PLEASE」系列是先將布料裁剪和縫紉成型，再以熱壓形成永久性的細褶，以褶的塑型與開展應對人體的造型與動作。衣服的結構不是依照制式打版成型，而是人體穿著時「撐」出的，細褶線條隨著動作而改變，布料成為身體的延展。西元1997年的「A-POC」（A-Piece Of Cloth）用整體的概念以一塊布規劃整件衣服裁片，將衣服的裁縫線呈現於布料中，穿著者可依線裁剪並改變細部的設計。服裝著重於穿著者身體與衣服之間的關係，顛覆傳統的製造方式與製衣理念。

版型分析

美國VOGUE PATTERNS於西元1988年販售三宅一生時尚裁縫紙型，在一片裁片中含括了衣身、領子、袖子與向內折疊的貼邊份量（圖3-19）。版型減少布料的裁剪線與衣服的剪接線，只著重立體的架構，不考慮裁片的形狀與布紋的方向。裁片的形狀呈現不對稱的形式，後中心線因此呈現少有的轉折弧線。

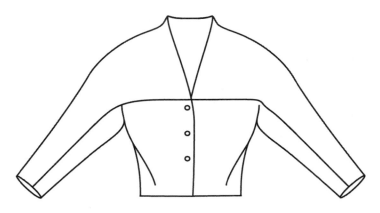

圖3-18　簡化裁片構成的短衫

4　參見ISSEY MIYAKE INC, *ISSEY MIYAKE INC*，下載日期：2015年9月7日，網址：http://www.isseymiyake.com。

販售的裁剪版型沒有製圖線條，為了解與
人體對應位置，所以此圖套入原型。

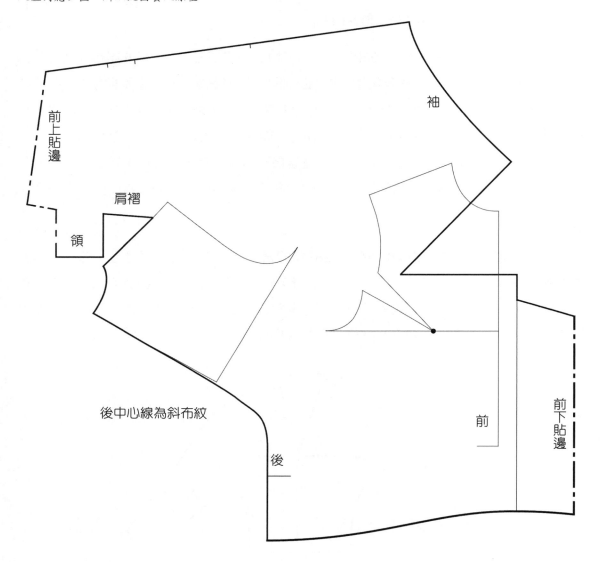

前上貼邊

袖

肩褶

領

後中心線為斜布紋

前

前下貼邊

後

圖3-19　簡化裁片構成的短衫版型

圖片引用：Vogue Patterns, *VOGUE PATTERNS INDIVIDUALIST 2056 ISSEY MIYAKE*. Retrieved from: https://
voguepatterns.mccall.com.

七、施素筠立體簡易裁剪中式短衫

　　傳統的中國服式是十字型的裁剪結構，布料由肩垂下，多餘的寬鬆份量會堆積於腋下處，穿著外觀不佳，在日常生活中已被西服取代。台灣服裝教育界國寶施素筠教授運用「袖下襠」的概念，運用於傳統中式服裝的版型改良，做出具有立體結構的連袖式服裝，為中國服式版型現代化[5]（圖3-20）。

　　施素筠教授的「立體簡易裁剪」是以人體工學學理為依據，以平面製圖的方法做版型的設計，可運用於男女老幼不同年齡層的服裝款式。

版型分析

　　版型以順應肩線斜度連袖的方式裁剪，前身片會有交疊份量。在腋下處使用連續裁剪襠布的方法，將前袖延伸出袖下份量與後袖接合，後身延伸出側身份量與前身接合，呈現立體結構（圖3-21）。這樣的結構與嬰兒內衣的一片結構版型（圖3-7）相似，但是因為袖下襠的結構線，版型變成符合人體體型需求，並改善衣服在腋下垂縐的問題。

圖3-20　立體簡易裁剪的中式短衫

圖片引用：施素筠，《立體簡易裁剪的應用與發展》，頁88。

5　參見夏士敏，《單接縫裁剪版型研究》（高雄：夏士敏出版，2015），頁16。

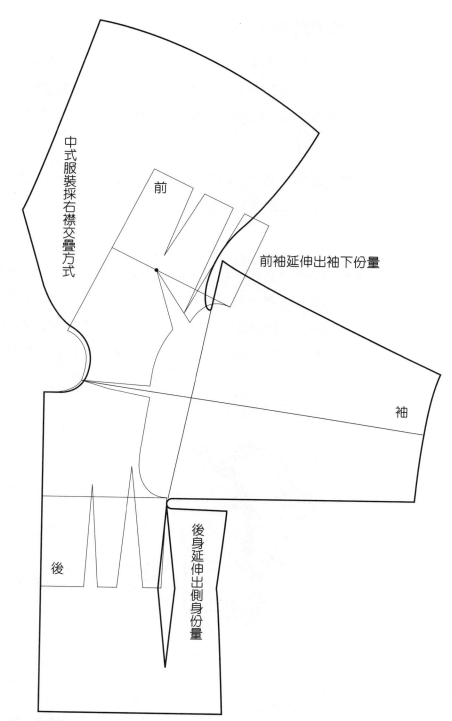

中式服裝採右襟交疊方式

前

前袖延伸出袖下份量

袖

後

後身延伸出側身份量

圖3-21　立體簡易裁剪的中式短衫版型

圖片引用：施素筠，《立體簡易裁剪的應用與發展》，頁89。

八、施素筠機能化裁剪旗袍

　　施素筠教授將旗袍的構成分為「平面構成的古式裁剪法」與「立體構成的新式裁剪法」[6]，平面構成的古式裁剪法是一片構成直線裁剪的水平連袖，立體構成的新式裁剪法是三片構成曲線裁剪的接袖。平面構成的古式旗袍外觀寬鬆、不貼身、縐褶多，活動方便具機能性；立體構成的新式旗袍外觀貼身美麗，活動不方便、機能性不足。服裝「應在動態與靜態之間，來考慮其機能與外觀的美感，兩者合一的理想狀態才是服裝機能美」[7]，旗袍版型應是以此為目標。

版型分析

　　機能化旗袍版型以裁片分割的方式，達到合身立體與機能性的要求（圖3-23）。結構上將側身的份量與袖裁片的袖下合併相連，腋下處沒有接縫線，可減少穿著時的摩擦感、增加舒適性（圖3-22）。構成方法與腋下處插入三角形的袖下襠布版型原理相同，服裝的機能性與立體度可同時提升。

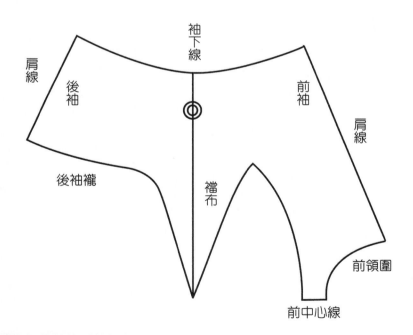

圖3-22　立體簡易裁剪旗袍的袖版型

6　參見施素筠，《旗袍機能化的西式裁剪》（台北：大陸書店，1979），頁10。

7　同註6，頁21。

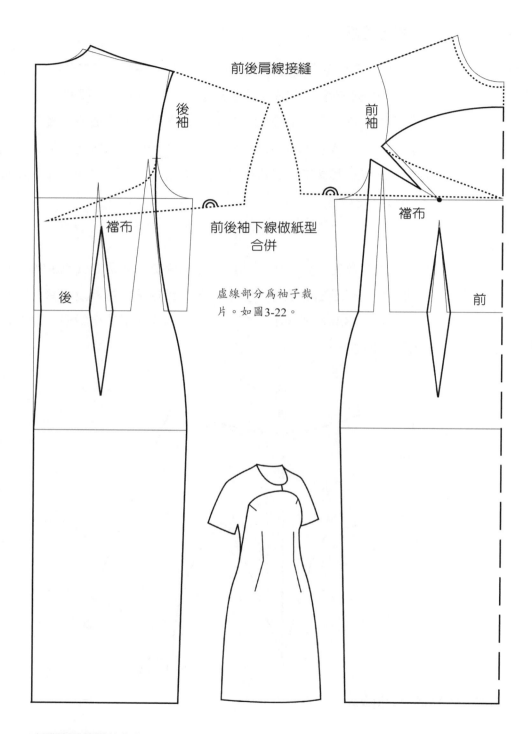

前後肩線接縫

後袖

前袖

襠布

前後袖下線做紙型
合併

虛線部分爲袖子裁
片。如圖3-22。

後

襠布

前

圖3-23　立體簡易裁剪的旗袍

圖片引用：施素筠，《國服研究製作課程上課講義》，2004年9月29日。

九、Julian Roberts減法裁剪洋裝

英國設計師Julian Roberts以「零耗材」（zero-waste）的概念，將布寬完全運用，只挖空上半身裁片周邊多餘的部分，用最少的接縫線做出上衣身形，裙布利用挖空的圈洞呈現折疊、扭轉或垂墜的方式。將布料以挖空孔洞的方式，用刪除的方法製造一個可以包容身體的衣服內部空間，稱為「減法裁剪」（Substraction Cutting）[8]。

版型分析

使用整塊的長方形布料縫製成筒狀，先用平面製圖法的版型剪出上身，再以立體裁剪的方式利用布料上挖空的圈洞，製造出立體空間（圖3-24）。挖空的圈洞不是依照預先設定好的樣式，而是為了在筒狀的布料中創造穿著空間。版型不受尺寸與打版公式的限制，依製作者不同的想法而具有獨創性（圖3-25）。

圖3-24　減法裁剪的洋裝

圖片引用：Julian Roberts, *FREE CUTTING*, pp.74. Retrieved from: http://vk.com/doc84917270_371271066?hash=fc69cf0249c03c4317&dl=2530f360fe6f96aa90.

8　參見Julian Roberts, *Subtraction Cutting by Julian Roberts*，下載日期：2016年8月27日，網址：http://subtractioncutting.tumblr.com。

減法裁剪講求的是穿著空間的創造，因此服裝不是合身的形式，特別是下半身因為布料完全運用，呈現看似複雜的褶飾與較大的體積。版型的製作不涉及袖型，也無法呈現合身、簡潔、俐落的款式。

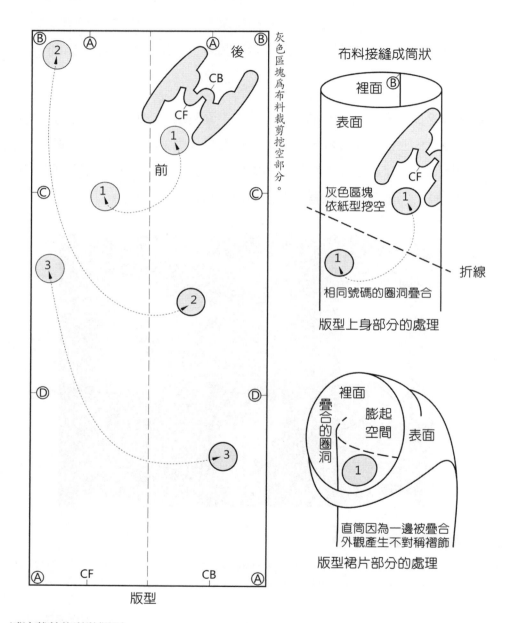

圖3-25　減法裁剪的洋裝版型

圖片引用：Julian Roberts, *FREE CUTTING*, pp.74. Retrieved from: https://researchonline.rca.ac.uk/3060/1/FREE CUTTING Julian Roberts.pdf.

第二節　一片構成的服裝版型

　　簡化服裝裁剪線的過程，可以看到不同於傳統的版型製作概念。以人為本，重新思考衣服和人體之間的關係，透過版型製作方法的改變創作出更務實的裁剪方式，使服裝貼近於生活而非盲從於時尚。服裝版型的簡化在此前提下，以能創造高效率的一片構成版型為挑戰的目標。

一、Sheila Brennan立體一片構成上衣

　　美國時尚工作者Sheila Brennan以一片構成的概念，出版縫紉教學書籍*One-piece wearables*[9]，內容包含腰布形式的圍裙、包捲裙、披掛形式的露背裝、斗篷、直線裁剪架構的罩衫、洋裝，以及如嬰兒內衣版型般的肩線平面版型，僅有少數款式以「褶」呈現立體的架構（圖3-26）。

圖3-26　立體一片構成的上衣

　　許多市售的縫紉書籍或版型，常用簡易的平面版型，讓學習者可以輕鬆入門，得到快速製作完成的成品。一片構成的版型接縫線較少，製作者容易找到相對應的車縫位置，不會有裁片拼接錯誤的問題。但是這類版型為適用於大部分的人皆可穿著，寬鬆份的尺寸都會取比較大的數值，製作使用時，應先核對尺寸與鬆份留量，並依所使用的布料垂性做紙型的修正。

9　參見Sheila Brennan. *One-piece wearables: 25 chic garments and accessories to sew from single-pattern pieces* (London: Quarry Books.2008).

版型分析

　　版型採用以順應肩線斜度連袖的方式裁剪，腋下處沿著臂根圍取褶，做出側身份量的立體空間（圖3-27）。前身裁片配合體型製作胸褶，後身裁片採無褶的扇形，穿著時前身合身，後身為極為寬鬆的傘型。後身需依賴帶絆或鬆緊帶的縐縮，來調節腰圍尺寸。

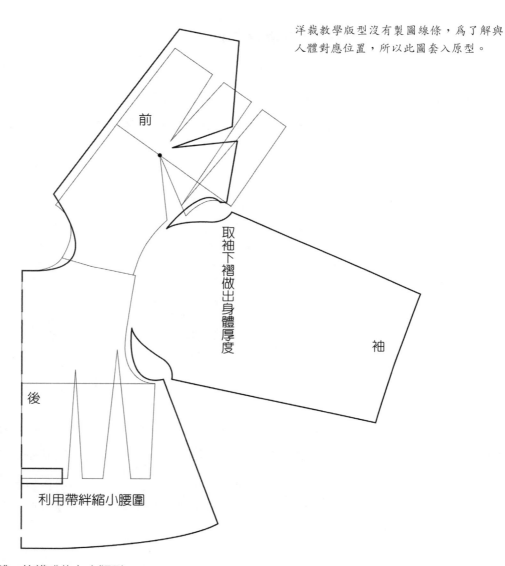

洋裁教學版型沒有製圖線條，為了解與人體對應位置，所以此圖套入原型。

前

取袖下褶做出身體厚度

袖

後

利用帶絆縮小腰圍

圖3-27　立體一片構成的上衣版型

圖片引用：Sheila Brennan. *One-piece wearables: 25 chic garments and accessories to sew from single-pattern pieces*, pp.84.

二、施素筠立體一片構成褲

　　施素筠教授從馬褲的版型結構觀點，以一片構成與簡化裁剪線的概念，使用平面製圖的方法做出立體結構的西裝褲（圖3-28）。這樣的結構版型與童褲的一片結構版型（圖3-11）相同，將腰部多餘的鬆份依人體體型做出合身腰褶，也可藉鬆份量加寬變化為寬鬆型休閒褲或短褲。

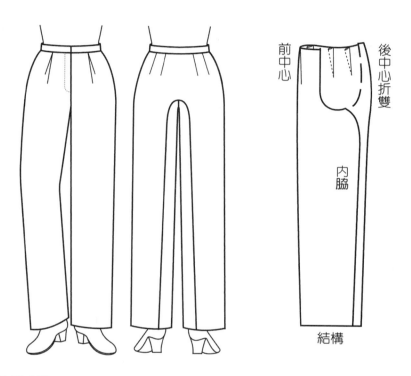

圖3-28　立體一片構成褲

版型分析

　　版型省略側邊的外脇車縫線，內脇車縫線以順應臀部曲線的方式裁剪，形成後臀一條馬蹄型的車縫線，延伸而下的內脇車縫線位於後腿內側（圖3-29）。與傳統褲型的四片構成比較，一片構成的版型可節省一半的用布量，接縫線少、製作工序也隨之簡化。

　　此款版型隨著體型尺寸的加大，車縫線會往褲管的後中心移動，穿著時後腿正好卡住車縫線，會產生縫份與身體摩擦的不舒適感。版型有修正車縫線位置的必要，以提高穿著的舒適性。

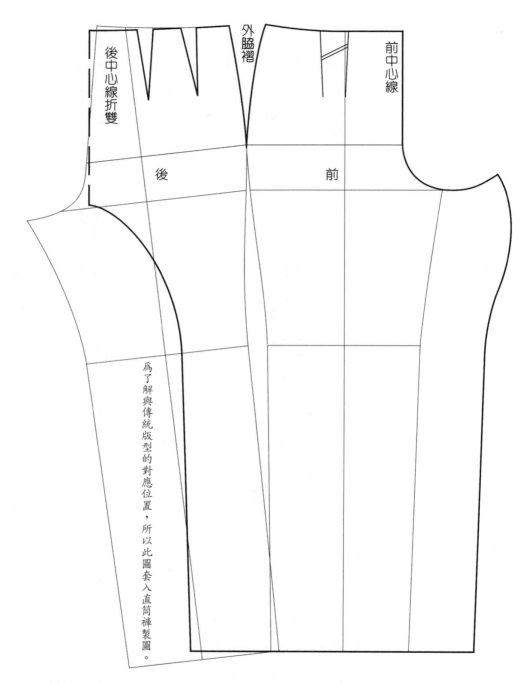

後中心線折雙　後中心線

外脇褶

前中心線

後　　前

為了解與傳統版型的對應位置，所以此圖套入直筒褲製圖。

圖3-29　立體一片構成褲版型

圖片引用：施素筠，《服裝構成製作課程上課講義》，2008年9月30日。

三、施素筠立體簡易裁剪西式短衫

「立體簡易裁剪」將袖下襠與肩線相連、脅線相連、衣袖相連的簡化裁剪線概念結合，服裝的版型既具有立體結構，也能簡化接縫線與裁片（圖3-30）。

圖3-30　立體簡易裁剪的西式短衫

圖片引用：施素筠，《立體簡易裁剪的應用與發展》，頁138。

版型分析

版型將前身片裁切剪接線，剪接線以上的部分移動與後身片肩線合併相連，剪接線以下的部分與後身片脅線合併相連，以連袖的方式衣袖相連。為增加胸圍的寬度與鬆份，在腋下處插入一個三角襠布，使用連續裁剪的方法，將三角襠布與前袖合併相連（圖3-31）。這樣的結構與插片裁剪的立體結構版型相似，在布幅較窄時，襠布可加寬、加長，以符合不同體型的需求。

因為結構設計上要將襠布插入脅線，脅線必須開縫，利用開縫處為縫份與襠布接合。插襠轉角處的縫份極小，製作上有相當的難度，穿著時也會因為縫份太小，接合處的強力不足，容易綻開破裂。所以，立體簡易裁剪的服裝在轉角處車縫的平整度與堅牢度要求是製作上的重點。

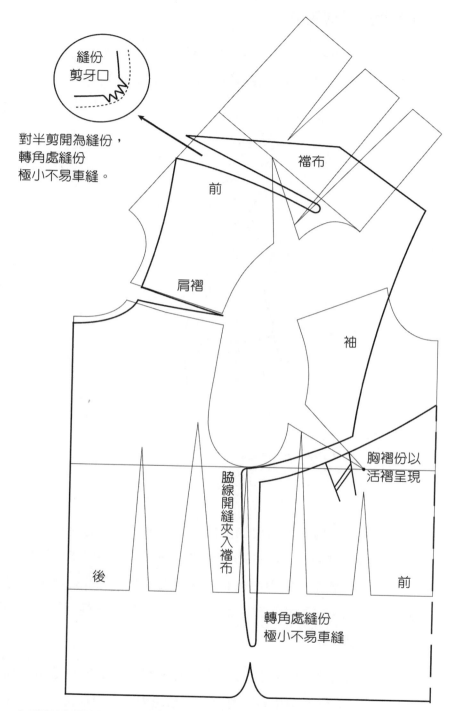

縫份
剪牙口

對半剪開為縫份，
轉角處縫份
極小不易車縫。

襠布

前

肩褶

袖

胸褶份以
活褶呈現

脇線開縫夾入襠布

後

前

轉角處縫份
極小不易車縫

圖3-31　立體簡易裁剪的西式短衫版型

圖片引用：施素筠，《立體簡易裁剪的應用與發展》，頁139。

四、施素筠單接縫裁剪假兩件式洋裝

　　「單接縫裁剪」將衣服的裁片簡化，衣袖連續裁剪，肩部與脇側也沒有裁開，一件衣服只需要一條從胸圍延伸至袖下的接縫線，就能做出立體結構的裁剪法。衣服可以自然合身地包裹人體、肢體活動不受限，有立體感亦具機能性[10]。假兩件式的服裝採前身製作雙層的設計，使視覺上呈現穿著兩件式的效果，例如披掛式外套內搭背心式洋裝（圖3-32）。

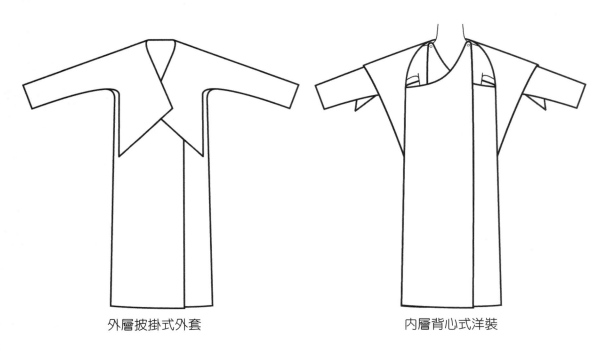

外層披掛式外套　　　　　　　　　　　　內層背心式洋裝

圖3-32　單接縫裁剪的假兩件式洋裝

版型分析

　　版型後身片與前身片外層的披掛式外套之肩線合併，以連袖的方式將衣袖相連；後身片脇線與前身片內層的背心式洋裝合併相連。一個裁片內含兩層的前身片、後身片與袖，裁剪時耗損的碎布空隙小，為最節省用布的簡化裁片範例，但是此款式版型鬆份極大，形似袍服，衣服極不合體（圖3-33）。

10　參見夏士敏，《單接縫裁剪版型研究：施素筠教授的立體結構演繹》（高雄：夏士敏，2015），頁1。

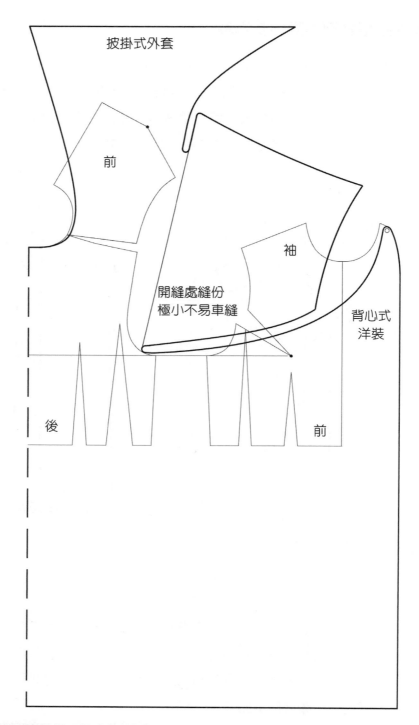

披掛式外套

前

開縫處縫份
極小不易車縫

袖

背心式
洋裝

後

前

圖3-33　單接縫裁剪的假兩件式洋裝版型

圖片引用：施素筠，《立體簡易裁剪的應用與發展》，頁66。

五、單接縫裁剪結構改良的假兩件式洋裝

「單接縫裁剪」以一條接縫線就做出合身有袖，穿著舒適又有機能性的服裝，因為裁片結構的簡化還可節省用料，減輕衣服穿在人體上的重量負荷，穿起來輕鬆無負擔，是極經濟的裁剪方法。但是單接縫裁剪的版型技術發表近二十年，未依體型的改變與流行性的變化做過修正，款式已不合時宜。將單接縫裁剪版型依現今的審美觀、流行性與體型標準做結構的改良有其必要性。

版型分析

以假兩件式洋裝的結構改良為例，外層的披掛式外套裝飾性質可依設計做變化，內層的背心式洋裝結構為改變的重點：使用修正過的新文化原型，做出合乎現代女性體型發育的版型，衣服只保留身體活動所需的基本鬆份，將多餘的鬆份量刪除，車合褶子做出腰身（圖3-34）。結構改良的版型仍受限於單接縫裁剪的基本架構，只能做短袖與窄裙的款式設計（圖3-35）。

圖3-34　單接縫裁剪結構改良的假兩件式洋裝

圖片引用：夏士敏，《單接縫裁剪版型研究》，頁80。

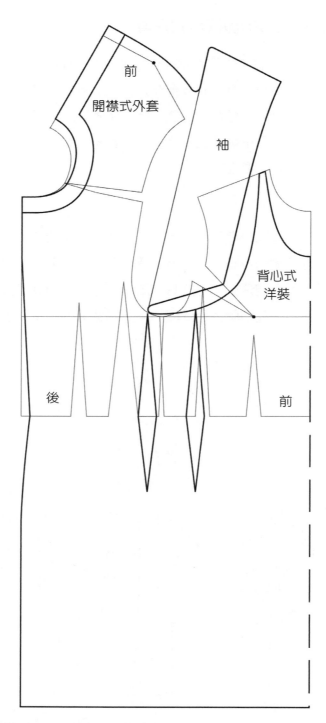

前

開襟式外套

袖

背心式
洋裝

後　　　　　　　　　　　前

圖3-35　單接縫裁剪結構改良的假兩件式洋裝版型

圖片引用：夏士敏，《單接縫裁剪版型研究》，頁81。

六、Myunghee Lee一片構成合身洋裝

　　韓國學者Myunghee Lee以平面裁剪法將基礎的上衣與裙子原型併合，嘗試創作一片構成的合身版型。就平面裁剪法而言，這款一片構成的合身立體服裝，展現漂亮的紡錘型[11]（圖3-36）。但是裁片縫隙損耗的空間大，不適於量產，款式形態也無法變化發展。

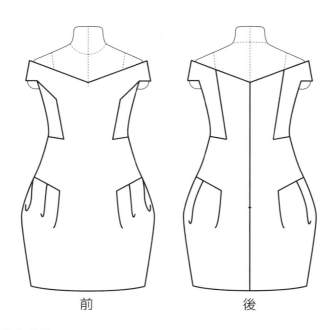

前　　　　　　　　後

圖3-36　一片構成的合身洋裝

圖片引用：Lee, M. H. *Stylized One-Cut Dress with Drop Shoulder*, pp.77.

版型分析

　　上身的前後片採用四片構成切割方式，區分為前中、後中、前脇、後脇，其中前脇與後脇做脇線合併相連裁剪，再利用卡肩款式（off-the-shoulder）的袖子將脇片與前中相連。下身在腹圍取橫向剪接線，腹圍以上作褶子轉移，腹圍以下展開多達十條的褶子份量，強調臀圍的紡錘型線條（圖3-37）。

---

11 參見Lee, M.H. *Stylized One-Cut Dress with Drop Shoulder* (2014 SFTI International Conference ＆ Invited Fashion Exhibition). Manila, 2010, pp.77.

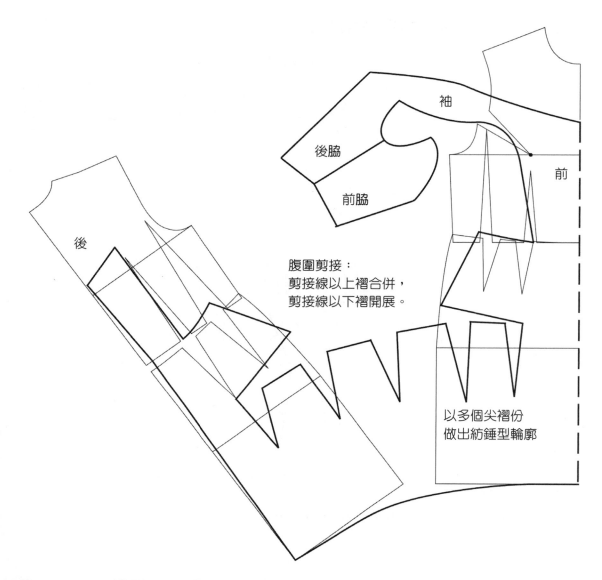

後

袖

後脇

前脇

前

腹圍剪接：
剪接線以上褶合併，
剪接線以下褶開展。

以多個尖褶份
做出紡錘型輪廓

圖3-37　一片構成裁剪合身洋裝版型

圖片引用：Lee, M. H. *Stylized One-Cut Dress with Drop Shoulder*, pp.77.

七、Geneviève Sevin-Doering自由切割連身裝

　　法國設計師Geneviève Sevin-Doering從捲衣形式的服裝觀點出發，肩部與腰部為上下身衣服圍裹的基本支撐位置，服裝結構由此垂掛而下。衣服版型不受傳統裁剪方法的制約，以一片構成的版型作出布紋垂墜與人體動作調和的服裝。裁剪方法沒有固定的

形式，採用自由切割的方式，切割的線條改變，款式設計也隨之變化[12]。因以人體的動作考量進行裁剪，沒有一定的裁剪準則，不同的款式形態就有不同的版型。裁片縫隙損耗的空間大，不適於量產。

版型分析

連身款式的服裝採下半身製作雙層的設計，外罩斜裙內搭小喇叭長褲（圖3-38）。版型後身片肩線與前身片合併、袖下與後袖片衣袖相連、腰圍與後褲片相連；前身片腰圍與外層裙片合併相連，前中心線折雙成為一個裁片，內含下半身兩層的裙與褲、前身片、後身片與袖（圖3-39）。

前　　　　　　　後

圖3-38　自由切割裁剪服裝版型

---

12 參見Geneviève Sevin-Doering, *UN VETEMENT AUTRE*，下載日期：2016年7月19日，網址：http://sevindoering.free.fr/。

立體裁剪版型沒有製圖線條，爲了解與
人體對應位置，所以此圖套入原型。

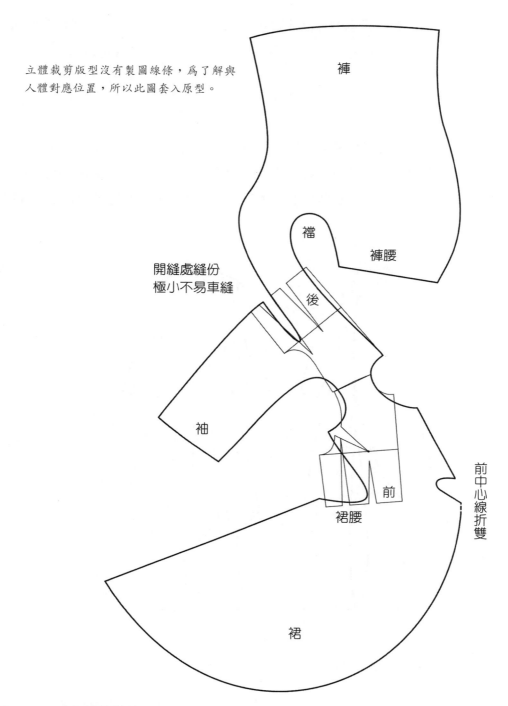

褲

襠

褲腰

開縫處縫份
極小不易車縫

後

袖

前中心線折雙

裙腰

前

裙

圖3-39　自由切割裁剪服裝版型

圖片引用：Geneviève Sevin-Doering, *UN VETEMENT AUTRE.* Retrieved from: http://sevindoering.free.fr/.

八、Rickard Lindqvist動力學的結構裁剪

瑞典學者Rickard Lindqvist以Sevin-Doering 的一片構成為基礎，從肢體運動與力學的導向，找尋身體動作的路徑與平衡支點，善用布料的伸縮性，進行沒有方向限制的人體包裹。Rickard Lindqvist 從動力學（Dynamics）[13]的觀點出發，在人體上直接進行裁剪，使身體的動作方向與布料的垂墜性能夠平衡相互對應，滿足服裝穿著時應考量的動態基礎。

Rickard Lindqvist以全新的觀點探索服裝結構與身體動作之間的基本關係，版型結構以多個小區塊的曲線面接縫來達到服裝的合身需求，完全不同於傳統以布料的經緯紗對應靜態人體測量尺寸的裁剪結構方法。這樣的結構雖然充分運用布紋走向與人體動作配合，但布料結構被切割得細碎，強度相對會減弱。裁片縫隙損耗的空間大、多曲線車合的平整度要求、防止縫份綻開的高縫級技術，對於工業量產與成本控制而言並不容易。

版型分析

襯衫版型以Sevin-Doering 的服裝版型架構為基礎，以後身片為中心，肩線與前身片合併、袖下與後袖片衣袖相連。製作時袖片由後往前捲，形成前片接袖、後片連袖的裁剪線（圖3-40）。洋裝版型在腰的脇側以前後襯布互相嵌接的方式，撐出一個立體結構面，並製作出合身的線條（圖3-41）。褲子版型由腰線往下，布片以纏繞的方式裁剪，完全消除腰褶份，合身且立體。褲管裁片布紋接近正斜紋，紋路容易拉伸，可增加穿著時身體活動與布料的適應性（圖3-42）。

版型線條採用曲線與斜線剪接，製作合身款式版型時必須準確掌握相車縫接合的線條角度。接合斜線若稍有角度的差異就會造成車縫接合後的歪曲，兩條反向的斜線接合，布紋紋路的差異可能造成相互之間的牽扯，也是製作者需注意的重點。這個版型製作上的難點，再遇上人體高矮胖瘦的尺寸多變性，是極大的挑戰。

---

13 「動力學（Dynamics）是古典力學的一門分支，主要研究運動的變化與造成這變化的各種因素。換句話說，動力學研究力對物體之運動所造成的影響。」參見維基百科，動力學，下載日期：2016年10月15日，https://zh.wikipedia.org/wiki/%E5%8B%95%E5%8A%9B%E5%AD%B8。

主結構為男襯衫的基本型，布料從肩線垂掛而下，前身片呈現斜布。以細部設計裁片，如領片、門襟、袖口布採用傳統正裁的方法穩定裁片。

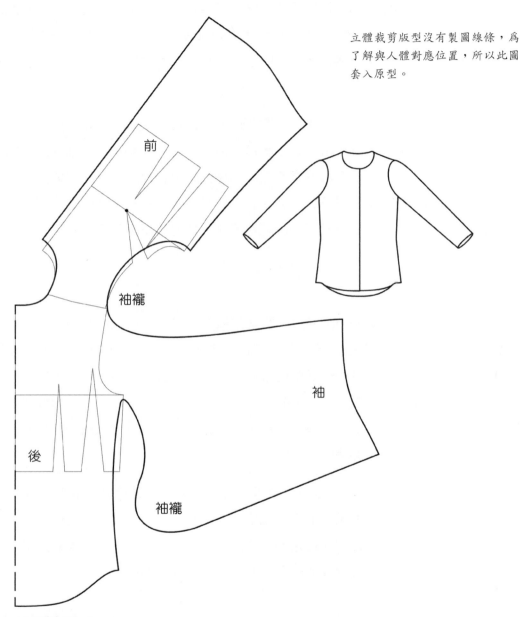

立體裁剪版型沒有製圖線條，為了解與人體對應位置，所以此圖套入原型。

前

袖襱

後

袖

袖襱

圖3-40　動力學結構的襯衫

圖片引用：Rickard Lindqvist. *Kinetic Garment Construction: Remarks on the Foundations of Pattern Cutting*, pp.253.

洋裝版型在腰脇側取互相嵌接的襠布，襠布以近360°的迴轉曲線相接縫合，兩條完全反向的曲線接合非常困難，如實物照片腰部有不平順的橫向縐紋。

完全反向的曲線接合或縫份極小的轉角接合，使用併縫的方式可降低製作的困難度。

立體裁剪版型沒有製圖線條，為了解與人體對應位置，所以此圖套入原型。

插襠處縫份極小

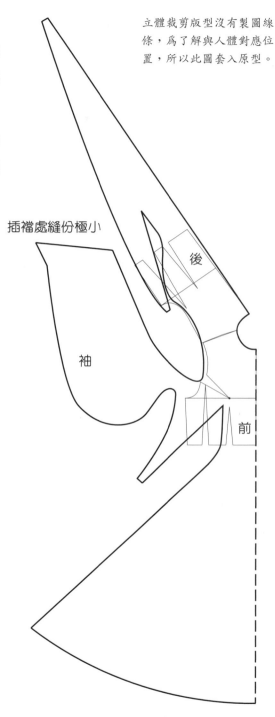

後

袖

前

圖3-41　運動學結構的合身洋裝

圖片引用：Rickard Lindqvist. *Kinetic Garment Construction: Remarks on the Foundations of Pattern Cutting*, pp.255-256.

長褲版型褲管裁片以捲繞的方式成型，內外脇線為兩條反向的斜線相接，斜線角度只要歪斜一度，褲管車縫接合後就呈現歪曲的狀態。

　　合身版型線條的拿捏必須精準，須依不同的體型進行版型的操作裁剪。

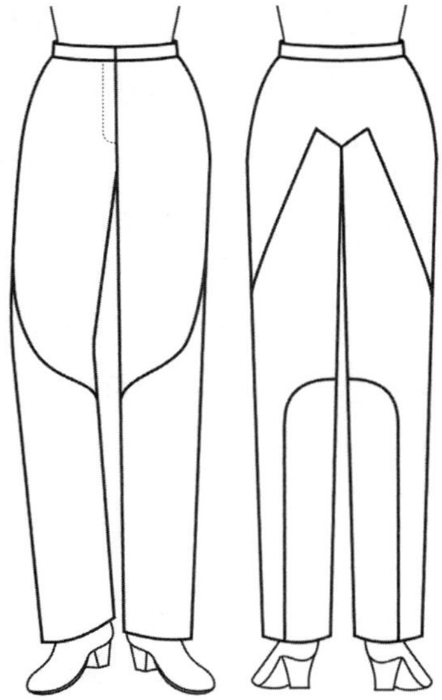

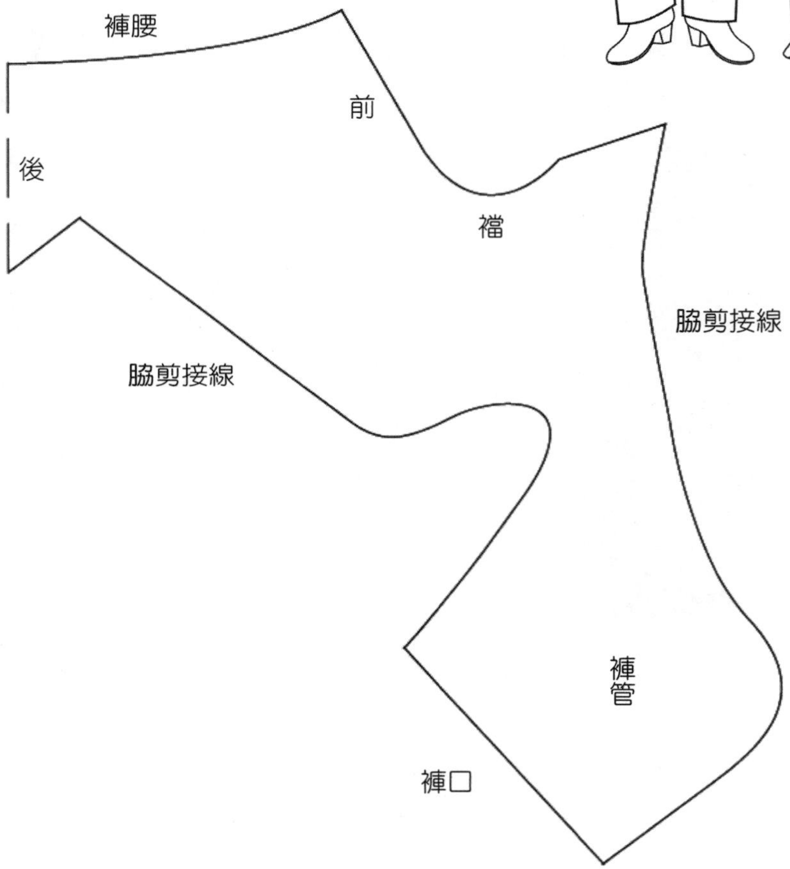

圖3-42　運動學結構的合身褲

圖片引用：Rickard Lindqvist. *Kinetic Garment Construction: Remarks on the Foundations of Pattern Cutting*, pp.245.

服裝版型從平面式的一片構成發展到立體式的多片構成，其目的在追求美觀合體的服裝輪廓線條。如何使服裝版型在立體結構的條件下以一片構成的方式呈現，從法國設計師Madame Vionnet以「斜裁法」開始，至今有多種不同裁剪法的研究成果，這些研究成果都顯示若要精簡服裝版型的裁剪線，就必須跳脫制式打版法的思維。

　　英國設計師Julian Roberts的「減法裁減」以降低布料的裁剪耗損與簡化縫製工序為目標，我國學者施素筠教授的「立體簡易裁剪」、「單接縫裁剪」與瑞典學者Rickard Lindqvist「動力學的結構裁剪」以合身舒適度與機能性提升為目標，因目標設定不同，服裝架構與版型製作的難易度自然有差別。

　　若將降低布料的裁剪耗損與簡化縫製工序，以及提升合身舒適度與機能性都設為目標的條件，精簡服裝版型成為一片構成的服裝，還可以有再進步的空間。

4

簡化裁剪線的合身版型結構

褶子是版型立體化所必需，原型褶子的位置皆依人體形態設定。褶子不可以移位刪除，如果直接扣除褶子份量，等於是將衣服可以覆蓋身體突出的弧面刪除，衣服穿著在身上就不會呈現立體的美感。但若採平面結構的方法，則可以用足夠覆蓋身體空間的面積，以寬鬆份替代褶子（圖4-1）。

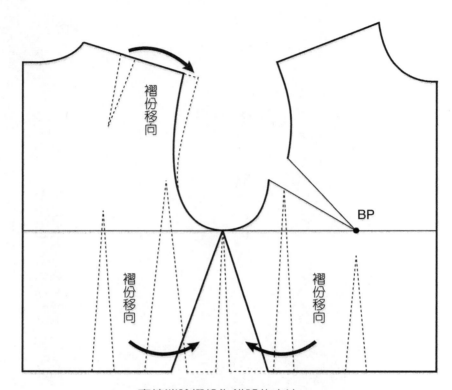

直接消除褶份為錯誤的方法

圖4-1(a)　平面結構版型的思考

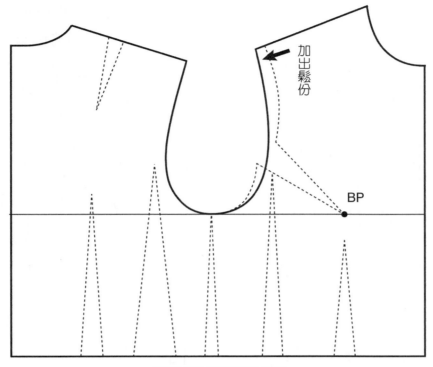

将所有褶份都视为鬆份

圖4-1(b)　平面結構版型的思考

第一節　簡化褶線的方法

一、肩褶

　　利用褶子轉移來改變褶子的方向，將褶子轉換以不同方式呈現不同的款式線條，是立體結構版型因應設計變化處理褶線最常用的手法。在大部分的服裝版型中沒有呈現的後肩褶，就是採用轉移分散的方式，將肩褶份轉換成肩線的縮縫份與袖襱的鬆份（圖4-2）。

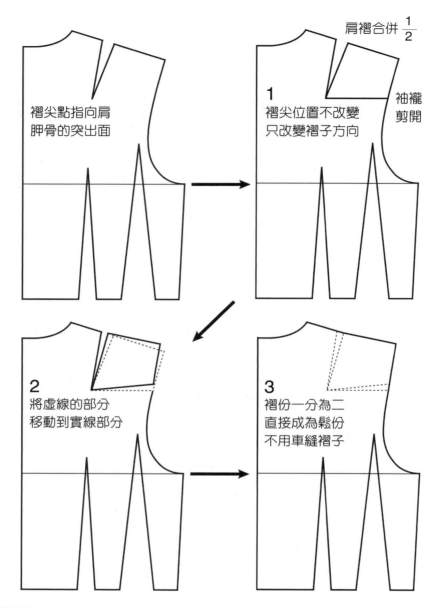

圖4-2　肩褶轉移

圖中標註文字：

褶尖點指向肩胛骨的突出面

肩褶合併 $\frac{1}{2}$

1
褶尖位置不改變
只改變褶子方向

袖襱剪開

2
將虛線的部分
移動到實線部分

3
褶份一分為二
直接成為鬆份
不用車縫褶子

二、腰褶

　　腰褶份量轉移以衣服的輪廓線與活動機能性的需求考量：可以全部腰褶份量不處理當作是鬆份；可以只轉移脇褶，略顯腰身；可以將腰褶全部轉移，成為合腰款式。在立體結構的前提下做轉移，褶子的角度必須維持不變，褶子的長度與寬度卻會因轉變的方

向產生變化，利用這個要點可以將寬大的脇褶轉換為極小的鬆份（圖4-3）。

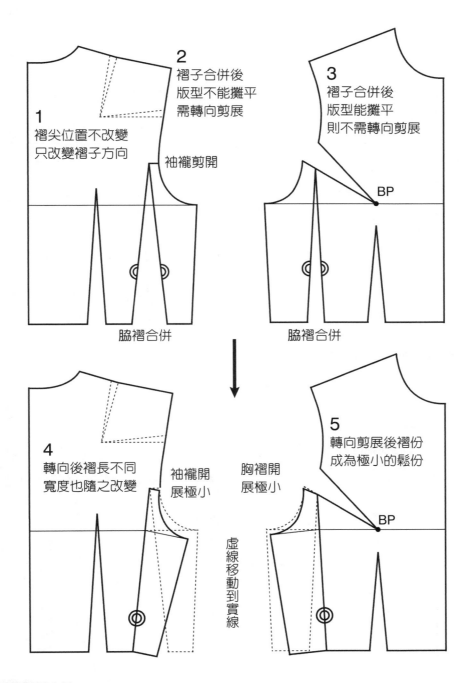

1 褶尖位置不改變 只改變褶子方向

2 褶子合併後 版型不能攤平 需轉向剪展

袖襱剪開

脇褶合併

3 褶子合併後 版型能攤平 則不需轉向剪展

BP

脇褶合併

4 轉向後褶長不同 寬度也隨之改變

袖襱開 展極小

胸褶開 展極小

虛線移動到實線

5 轉向剪展後褶份 成為極小的鬆份

BP

圖4-3 腰圍脇褶合併

褶子轉移應在合理範圍內做轉向，成形的衣服不會出現牽吊與縐紋，版型的立體結構不可改變。當腰褶份量全部轉移，腰圍線成為向下彎的弧線，穿著時被身體曲面撐起才會呈現水平（圖4-4）。

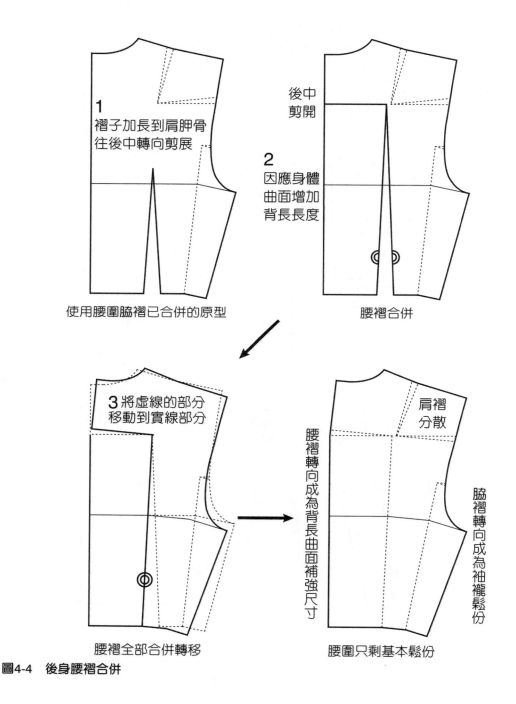

1
褶子加長到肩胛骨
往後中轉向剪展

使用腰圍脇褶已合併的原型

後中
剪開

2
因應身體
曲面增加
背長長度

腰褶合併

3 將虛線的部分
移動到實線部分

腰褶全部合併轉移

肩褶
分散

腰褶轉向成為背長曲面補強尺寸

脇褶轉向成為袖襱鬆份

腰圍只剩基本鬆份

圖4-4　後身腰褶合併

前身腰褶份與後腰褶相同，可以只轉移脇褶（圖4-3），也可以將腰褶與胸褶轉移合併成為一條胸褶線或一條腰褶線的合腰款式（圖4-5）。

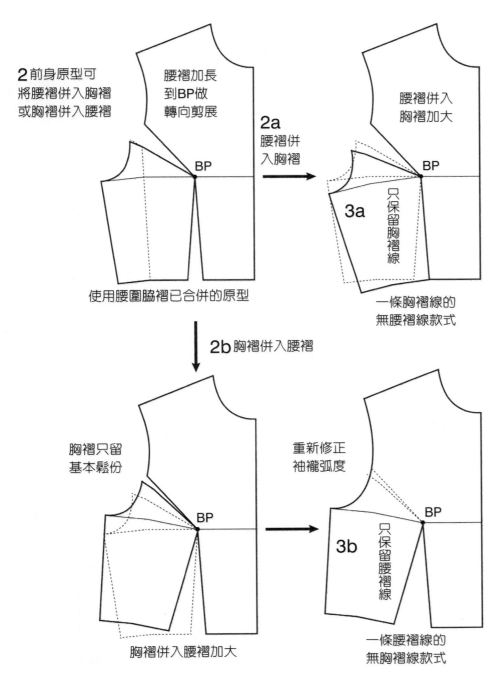

2 前身原型可將腰褶併入胸褶或胸褶併入腰褶

腰褶加長到BP做轉向剪展

使用腰圍脇褶已合併的原型

2a 腰褶併入胸褶

腰褶併入胸褶加大

3a 只保留胸褶線

一條胸褶線的無腰褶線款式

2b 胸褶併入腰褶

胸褶只留基本鬆份

胸褶併入腰褶加大

重新修正袖襱弧度

3b 只保留腰褶線

一條腰褶線的無胸褶線款式

圖4-5 前身褶合併

三、胸褶

　　胸褶份為女裝上衣設計的要點，以乳尖點（BP）為褶子的中心做轉移，褶子方向與線條可以有多種變化。同樣將胸褶轉移到胸圍線，胸褶與腰褶分開或合併，尺寸與線條就會改變（圖4-6）。

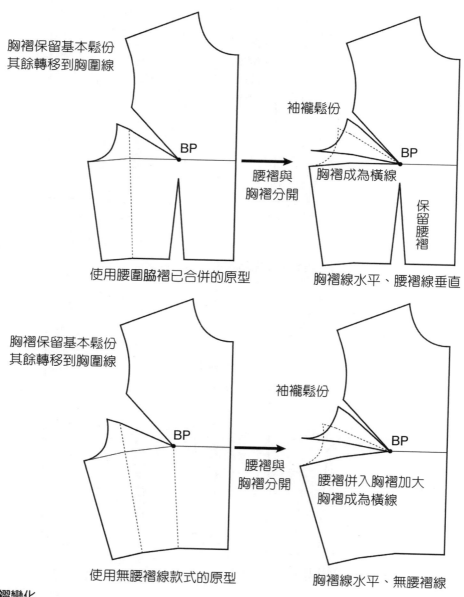

圖4-6　胸褶變化

四、簡化褶線的合身原型

　　以立體結構為基本要求，利用褶子轉移的方法，得到滿足人體立體形態需求的合身原型（圖4-7）。在褶子轉移的過程中，須考量服裝的設計款式與活動機能性需求保留鬆份與部分褶份。

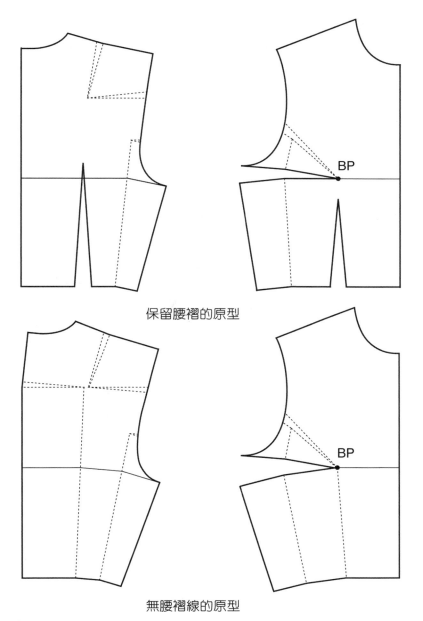

保留腰褶的原型

無腰褶線的原型

圖4-7　合身原型

第二節　簡化裁剪線的結構變化

　　使用簡化褶線的合身原型（圖4-7）來繪製單接縫裁剪的服裝，可得到簡化裁剪線的最佳合身款式版型。衣服為保有維持活動所需基本鬆份量的立體結構，只有一條接縫線，無褶線又可以達到合身的目的。單接縫裁剪結構的服裝，即利用剪接縫線將前片胸圍線分為上、下兩部分。前片上半部與厚片肩線相連裁剪，前片下半部與後片脇線相連裁剪，從肩線延伸出連袖長度正好利用前片上半部的空間（圖4-8）。

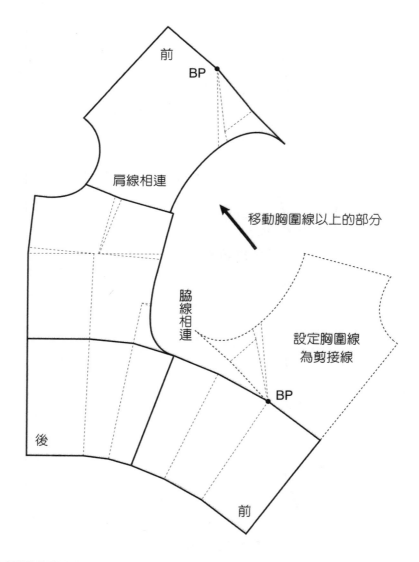

圖4-8　單接縫裁剪的合身原型結構

腰褶合併轉移後的合身原型，因為腰褶腰圍線成為向下彎的弧線，如果直接加畫衣長，圍度尺寸會愈來愈小，對於臀圍尺寸來說並不合理，所以無法做出向下延伸的連身款式。受到版型腰圍線的限制，衣服只能製作及腰的長度（圖4-9）。

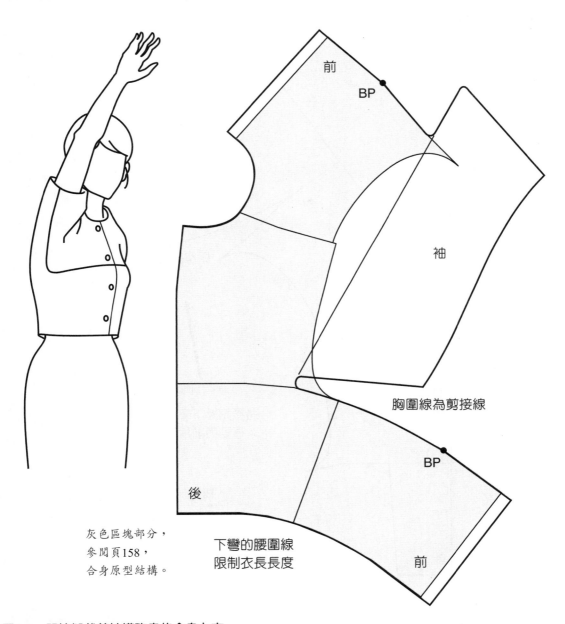

灰色區塊部分，
參閱頁158，
合身原型結構。

下彎的腰圍線
限制衣長長度

胸圍線為剪接線

圖4-9　單接縫裁剪結構改良的合身上衣

圖片引用：夏士敏，《單接縫裁剪版型研究》，頁82。

一、簡化上衣版型裁剪線的原理

　　運用裁片幾何形狀的挪移與拼接技巧來改變裁片的接縫線，可維持服裝輪廓形狀不變。改變單接縫裁剪的合身原型結構（圖4-8），移動腰圍線下彎的脇片部分與前片合併，利用空出的空間可延伸做出下半身的版型設計（圖4-10）。

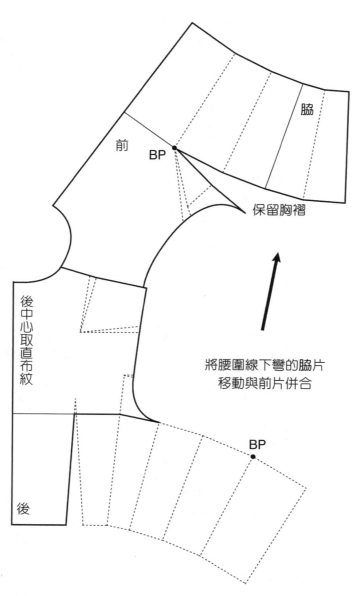

圖4-10　前開口的身片原型

依照服裝製作穿著的開口選項：前開口時，後身裁片使用直布紋裁剪，下半身服裝由後身延伸而下；後開口時，前身裁片使用直布紋裁剪，下半身服裝由前身延伸而下。不論服裝製作前開口或後開口，版型都採用相同的處理方法（圖4-11），胸褶份與部分腰褶份可併入剪接線中。

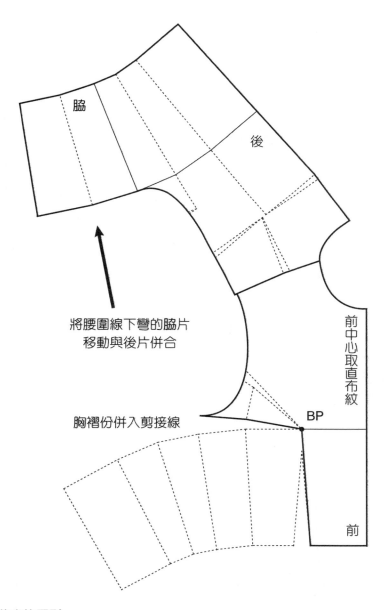

將腰圍線下彎的脇片
移動與後片併合

脇

後

前中心取直布紋

BP

胸褶份併入剪接線

前

圖4-11　後開口的身片原型

以連袖的方式，將身片袖襱與基本袖袖襱相合，將身片的裁片與袖片的裁片簡化成為一片。後身片與後袖襱間的空隙正好補足手臂向前活動時背寬處所需的鬆份，前袖寬會與身片的裁片重疊（圖4-12），要將重疊的份量移到後袖寬補足，使袖寬寬度不改變（圖4-13）。因為肩斜度的關係，袖下的布紋會不同，但尺寸要相同。

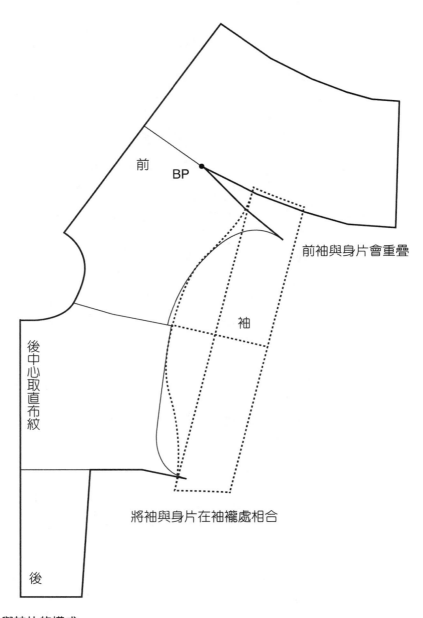

前

BP

後中心取直布紋

後

前袖與身片會重疊

袖

將袖與身片在袖襱處相合

圖4-12　身片與袖片的構成

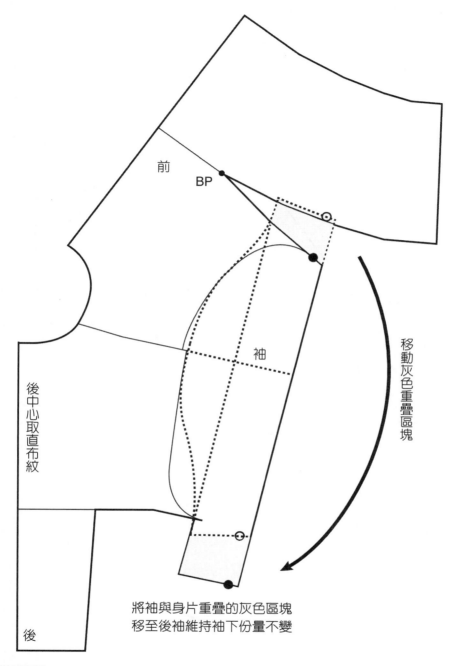

前

BP

後中心取直布紋

後

移動灰色重疊區塊

將袖與身片重疊的灰色區塊
移至後袖維持袖下份量不變

圖4-13　袖片結構

　　開口選項為後開口時，後前袖寬會與身片的裁片重疊，重疊的位置相反。依照相同
的方法，將重疊的份量移到前袖寬補足。

二、簡化裁剪線的合身上衣基本型

修整裁片的接縫線角度並核對尺寸，製作出簡化裁剪線前開口的合身上衣基本版型（圖4-14）與後開口的合身上衣基本版型（圖4-15）。

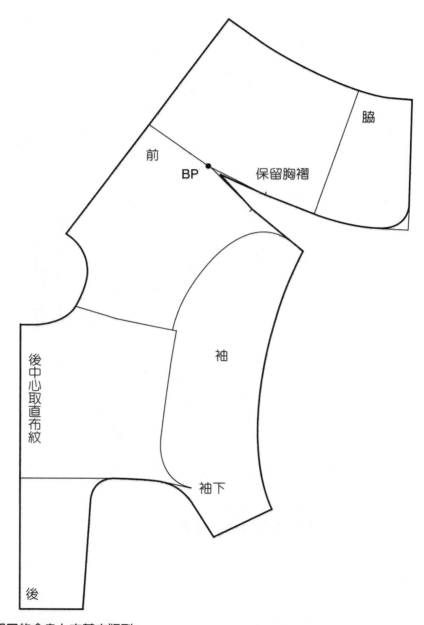

圖4-14　前開口的合身上衣基本版型

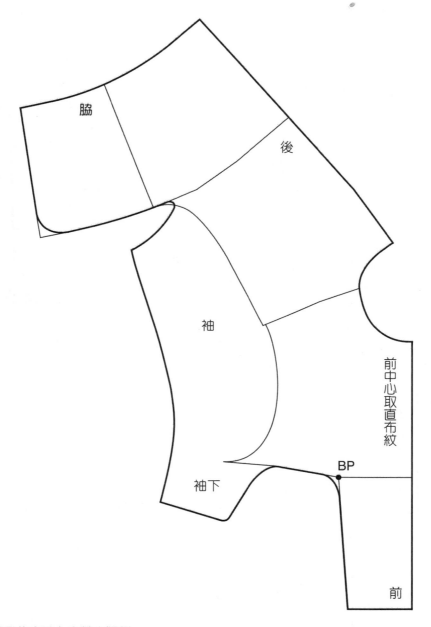

脇

後

袖

前中心取直布紋

BP

袖下

前

圖4-15　後開口的合身上衣基本版型

三、袖寬尺寸的改變

　　利用弧線轉動的方式，在轉移過程維持袖下長尺寸不變，以袖下長的斜度改變來調整袖口的尺寸。加寬袖口尺寸時，前袖口需預留車縫份，可加寬的袖口尺寸有限，因此

要由前後袖下兩端分別加寬袖口尺寸（圖4-16）。

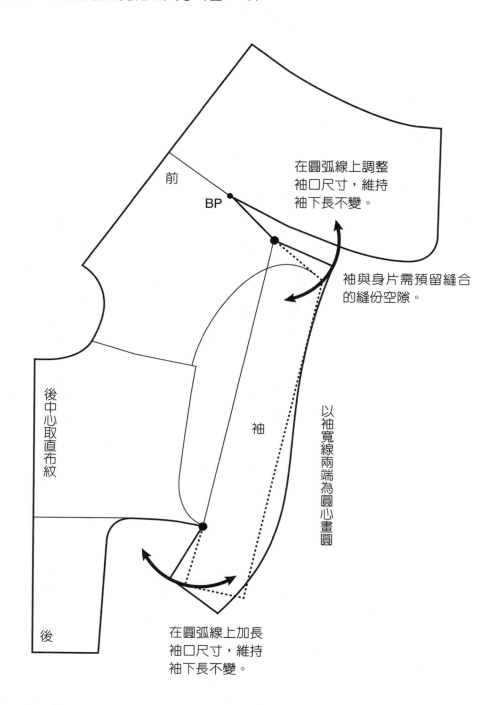

前

BP

在圓弧線上調整
袖口尺寸，維持
袖下長不變。

袖與身片需預留縫合
的縫份空隙。

後中心取直布紋

袖

以袖寬線兩端為圓心畫圓

後

在圓弧線上加長
袖口尺寸，維持
袖下長不變。

圖4-16　加寬袖口尺寸

縮窄袖口尺寸時，前袖下線斜度不能扣除到衣身的份量，因此無法從前袖下縮窄袖口尺寸，只能由後袖下縮窄袖口尺寸（圖4-17）。

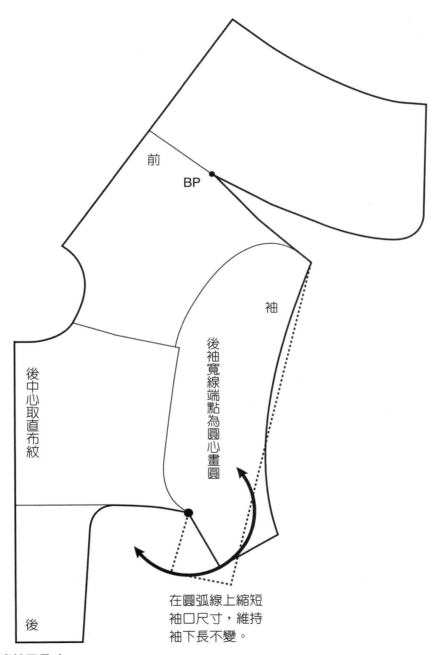

前

BP

袖

後中心取直布紋

後袖寬線端點為圓心畫圓

後

在圓弧線上縮短
袖口尺寸，維持
袖下長不變。

圖4-17 縮窄袖口尺寸

前、後身片肩線不合併，可開展袖襱的份量，成為膨袖的款式（圖4-18）。經由袖褶的展開，還可改變前身片的布紋紋路（圖4-19）。

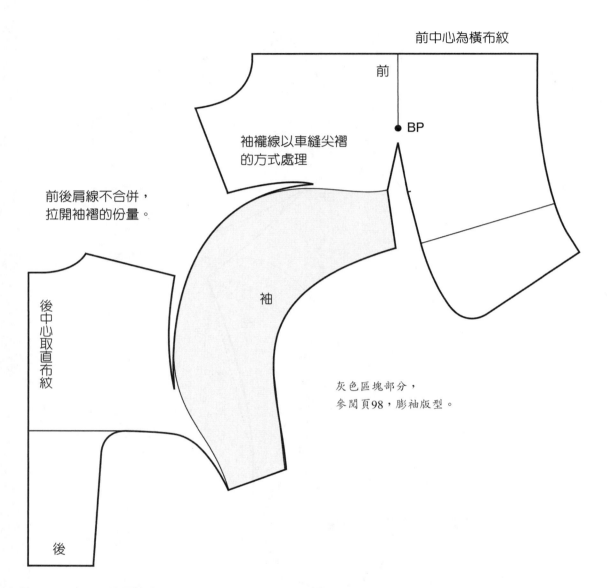

前中心為橫布紋

前

BP

袖襱線以車縫尖褶的方式處理

前後肩線不合併，拉開袖褶的份量。

後中心取直布紋

袖

灰色區塊部分，參閱頁98，膨袖版型。

後

圖4-18　袖山切展的澎袖版型

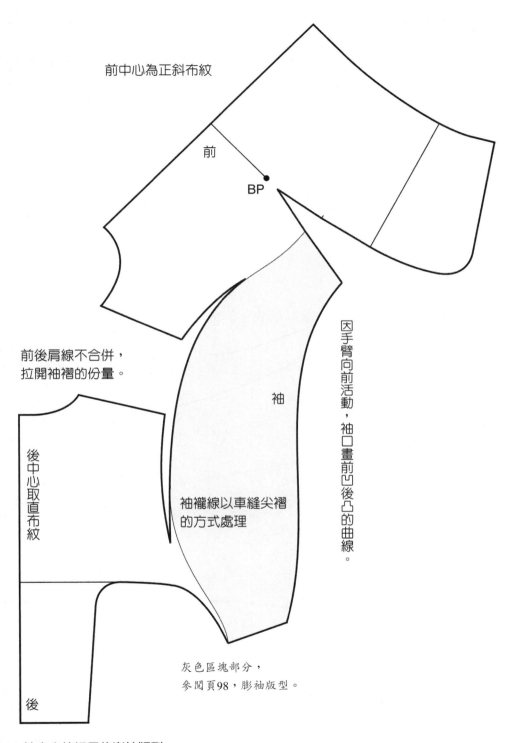

前中心為正斜布紋

前

BP

前後肩線不合併，
拉開袖褶的份量。

後中心取直布紋

袖

袖襱線以車縫尖褶
的方式處理

因手臂向前活動，袖口畫前凹後凸的曲線。

後

灰色區塊部分，
參閱頁98，膨袖版型。

圖4-19　袖中心線切展的澎袖版型

四、袖長尺寸的改變

　　袖長直接延伸成為長袖的款式，袖子依手臂前傾的方向性與手臂往前動作多於往後動作，所以袖中心線要前移，後袖口寬的寬鬆份要比前袖口寬多。窄袖型的袖子強調手臂的形態，愈貼合的袖型在肘部的彎曲度愈強（圖4-20）。

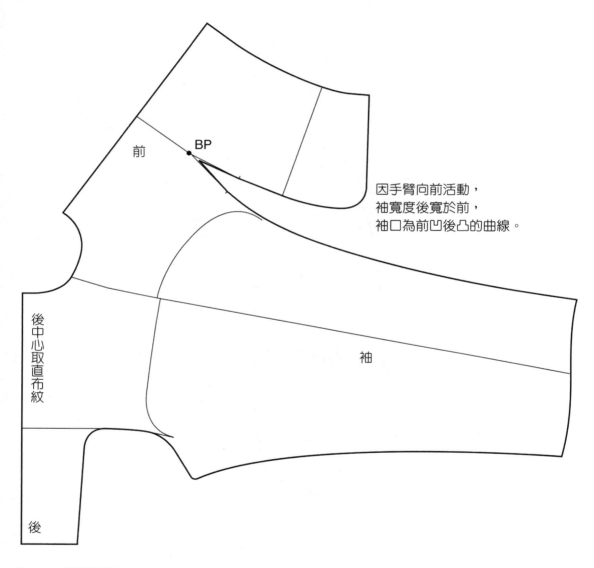

因手臂向前活動，
袖寬度後寬於前，
袖口為前凹後凸的曲線。

圖4-20　窄袖版型

寬型的袖子袖口寬與袖寬同寬，在袖口寬處有鬆份，將鬆份收緊就成為泡泡袖。以不同的褶處理方式，例如活褶或抽褶處理，可變化不同的設計樣式（圖4-21）。

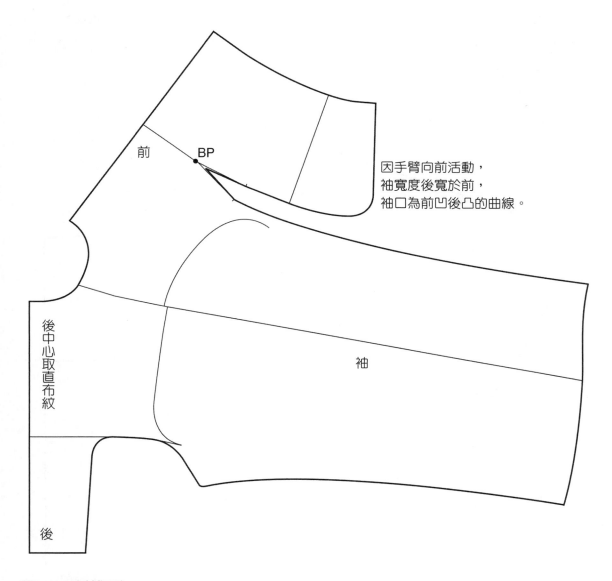

圖4-21　寬袖版型

五、簡化裙版裁剪線的原理

　　裙子的腰褶運用褶子轉移方式，可將直向的褶線轉換改變裙型輪廓，例如：斜裙（圖2-20）是將褶份轉換成為裙襬開展份，為下方開展的裙款；樽形裙（圖2-22）是將褶份轉換成為腰部活褶開展份，為上方開展的裙款。褶份轉換後，只要併合脇邊線就可以做出一片構成的裙版（圖4-22、圖4-23）。

腰褶以紙型合併的方式處理

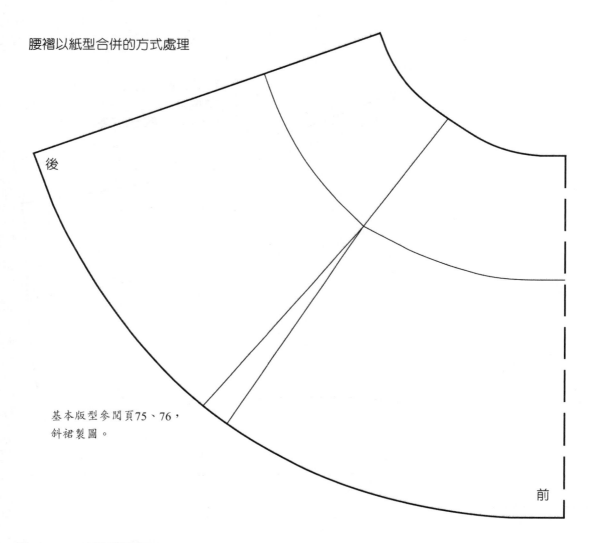

基本版型參閱頁75、76，
斜裙製圖。

後

前

圖4-22　一片構成斜裙版型

腰褶以製作活褶的方式處理

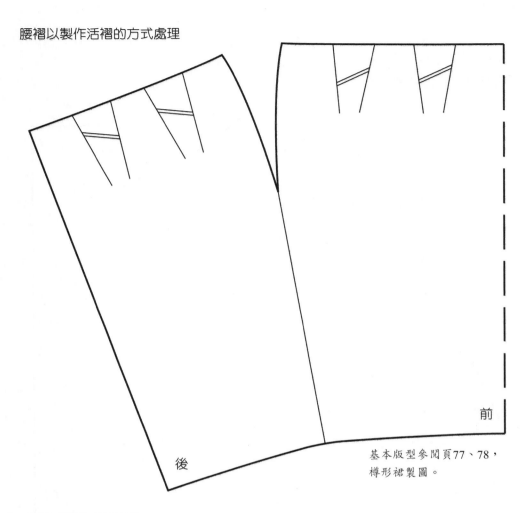

前

後

基本版型參閱頁77、78，
樽形裙製圖。

圖4-23　一片構成樽形裙版型

　　各種裙型都可以運用轉移、合併的方法簡化裁剪線與裁片，也可以改變裙型輪廓與設計線。以腰帶剪接裙（圖2-18）為例：將四片構成的裙款分為腰褶與脇褶兩部分。腰褶以轉移的方式改變剪接線條，變成只有一條橫向的腰布接縫線；脇褶可轉換成為裙襬開展份，成為下方開展的寬襬裙型輪廓（圖4-24）；也可不做處理，直接收窄裙襬成為窄襬裙型輪廓（圖4-25）。

腰褶以紙型合併的方式處理，
脇褶轉移為裙襬的展開份量。

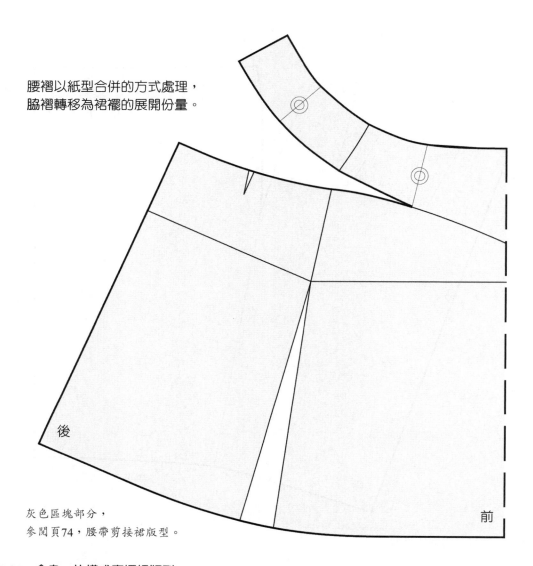

灰色區塊部分，
參閱頁74，腰帶剪接裙版型。

圖4-24　合身一片構成寬襬裙版型

腰褶以紙型合併的方式處理，
脇褶不處理、裙脇線拉直合併。

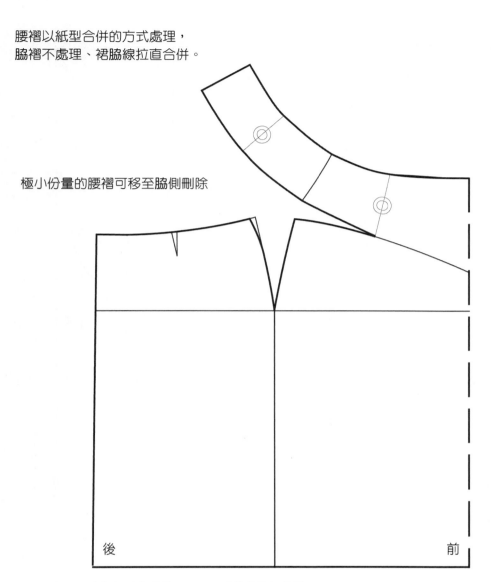

極小份量的腰褶可移至脇側刪除

基本版型參閱頁73、74，腰帶剪接裙製圖。

圖4-25　合身一片構成窄襬裙版型

六、簡化褲版裁剪線的原理

以一片構成的褲版結構為基礎，繪製簡化裁剪線的基本褲版型（圖4-26）。

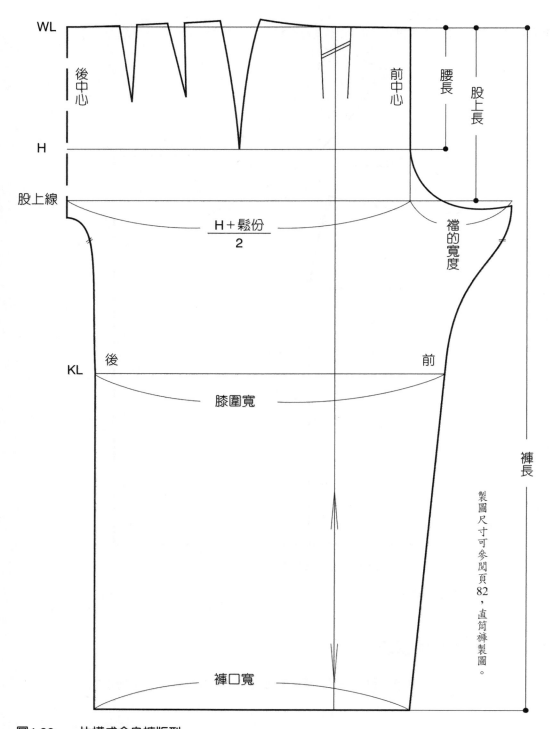

WL

後中心

前中心

腰長

股上長

H

股上線

$\dfrac{H+鬆份}{2}$

襠的寬度

後

前

KL

膝圍寬

褲長

製圖尺寸可參閱頁82，直筒褲製圖。

褲口寬

圖4-26　一片構成合身褲版型

這款基本的合身褲與施素筠的立體一片構成褲（圖3-29）雖使用相同的構成方式，但在結構上針對襠持出尺寸與車縫線位置做了改良（圖4-27）。

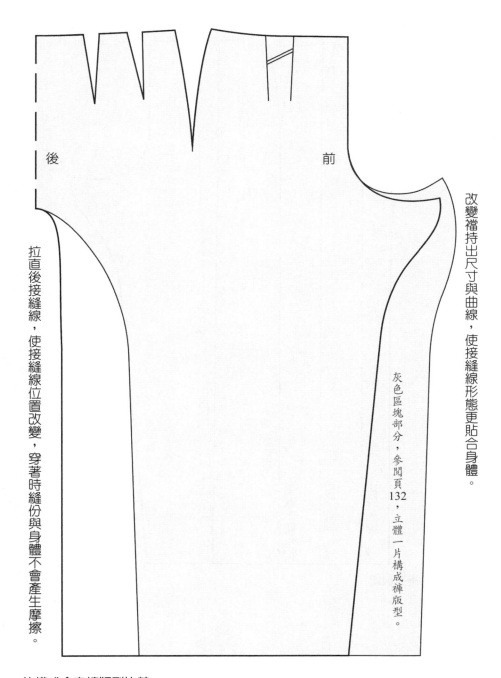

後　　　　　　　　　　前

改變襠持出尺寸與曲線，使接縫線形態更貼合身體。

灰色區塊部分，參閱頁132，立體一片構成褲版型。

拉直後接縫線，使接縫線位置改變，穿著時縫份與身體不會產生摩擦。

圖4-27　一片構成合身褲版型比較

將一片構成合身褲的腰褶份，依照斜裙將褶子轉移成為下襬開展份，就成為無腰褶線、下方開展的寬襬裙褲款輪廓（圖4-28、圖4-29）。

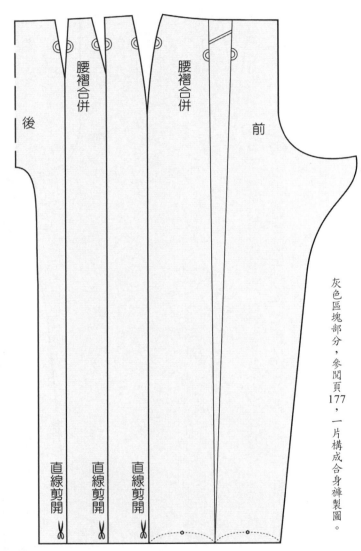

圖 4-28　一片構成裙褲製圖

灰色區塊部分，參閱頁177，一片構成合身褲製圖。

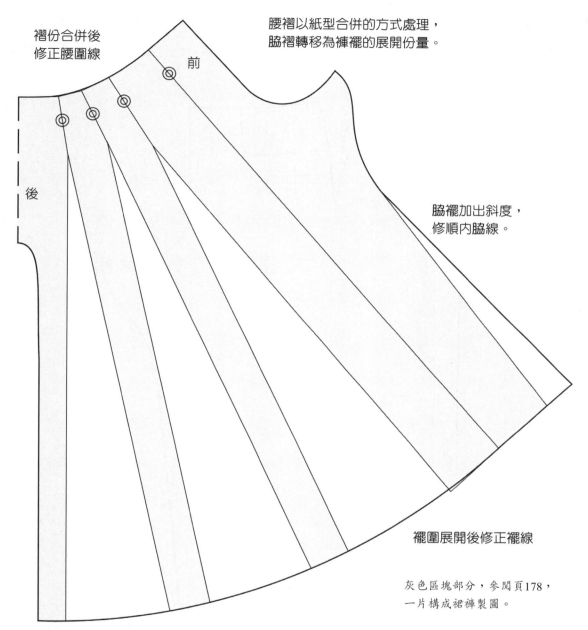

褶份合併後
修正腰圍線

腰褶以紙型合併的方式處理，
脅褶轉移為褲襬的展開份量。

前

後

脅襬加出斜度，
修順內脅線。

襬圍展開後修正襬線

灰色區塊部分，參閱頁178，
一片構成裙褲製圖。

圖 4-29　一片構成裙褲版型

參照一片構成窄襬裙版型（圖4-25），脇褶不處理、腰褶以紙型合併的方式處理，
改變剪接線條，變成只有一條橫向的腰布接縫線（圖4-30）。

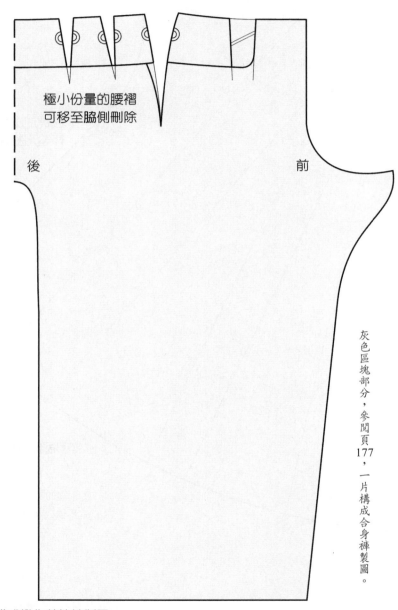

極小份量的腰褶
可移至脇側刪除

後　　　　　　　　　　　前

灰色區塊部分，參閱頁177，一片構成合身褲製圖。

圖4-30　一片構成變化剪接褲製圖

將腰褶轉換為橫向剪接線，使縫線簡潔、不用車縫多條腰褶線，製作工序減少，合身褲輪廓造型不變（圖4-31）。

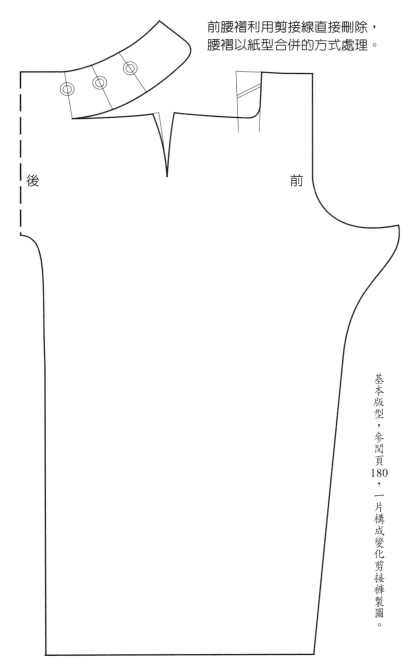

前腰褶利用剪接線直接刪除，
腰褶以紙型合併的方式處理。

後　　　　　　　　　　　前

基本版型，參閱頁180，一片構成變化剪接褲製圖。

圖 4-31　一片構成變化剪接褲版型

5

簡化裁剪線的合身版型設計

合身式寬襬洋裝使用上半身褶線合併轉移的原型，以及下半身將腰褶份從腰圍轉換到裙襬的斜裙版型組合，成爲省略所有褶線的款式，使合身式的連身衣也能做出寬襬裙型款，爲簡化裁剪線服裝最基本範例（圖5-1）。

　　以格子布裁剪製作，可以清楚呈現布紋的經緯紗線走向：前身採用直向正裁，裁片圍裹到後身成爲斜裁，後身的斜紋左右對稱，藉由單一接縫線由袖下至腋下延伸至前胸下，再轉至腰而將衣服予以縫合立體成型。

　　這種一片構成的服裝版型，只要在車縫時找到相對應的車合點就能完成製作，省略多裁片構成分辨裁片位置的問題，相對在生產工序上提高了生產的速度（圖5-2）。

圖5-1　簡化裁剪線合身洋裝的布紋紋路

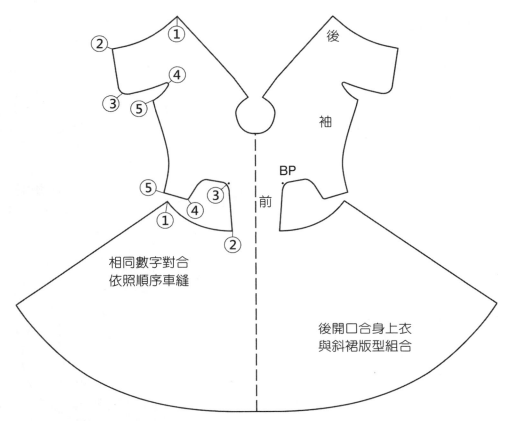

相同數字對合
依照順序車縫

後

袖

BP

前

後開口合身上衣
與斜裙版型組合

圖5-2　簡化裁剪線合身洋裝的車縫對合點

第一節　基本版型的設計變化

　　簡化服裝版型的過程，對版型要求的目標愈少，版型的製作方法就愈容易。以一片構成無領無袖的合身上衣版型，只要使用原型褶線簡化的方法就可以達標；但是一片構成的有袖連身式服裝版型，還需搭配袖版的簡化。若版型不侷限於一片構成，則會有更多樣的款式變化。

　　將已分別簡化的合身上衣版型與下半身服裝版型，運用搭配組合的方式很容易做出多種不同款式的設計變化。

一、版型的搭配應用

原型穿著開口選項（圖5-3）：
1.前開合腰，
2.前開腰褶保留，
3.後開合腰，
4.後開腰褶保留。

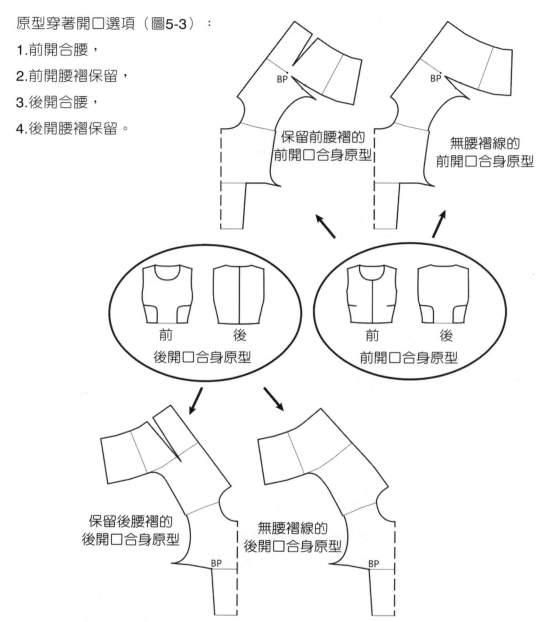

圖5-3 簡化裁剪線的合身原型穿著開口

合身上衣穿著的方式不論採用前開口或後開口，上衣的輪廓造型都不會改變，但是剪接線與布紋走向會完全相反不同（圖5-4、圖5-5）。

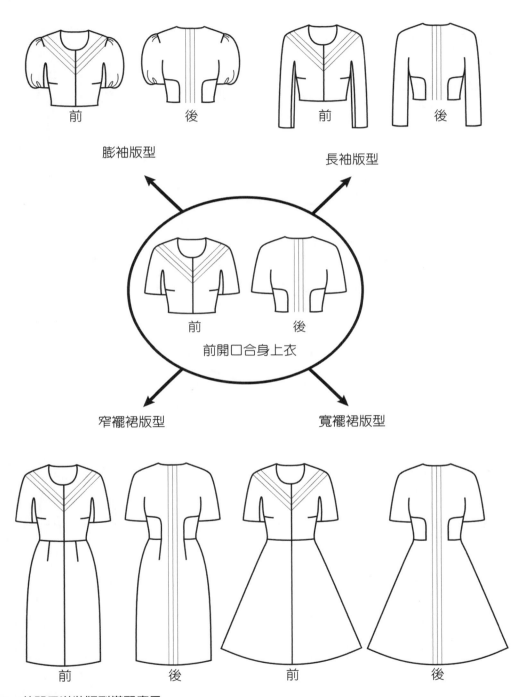

圖5-4　前開口洋裝版型搭配應用

版型以基本合身上衣與袖型、裙型的搭配運用為例：兩種開口、三款袖型、兩款裙型可以有十二種的搭配款式。

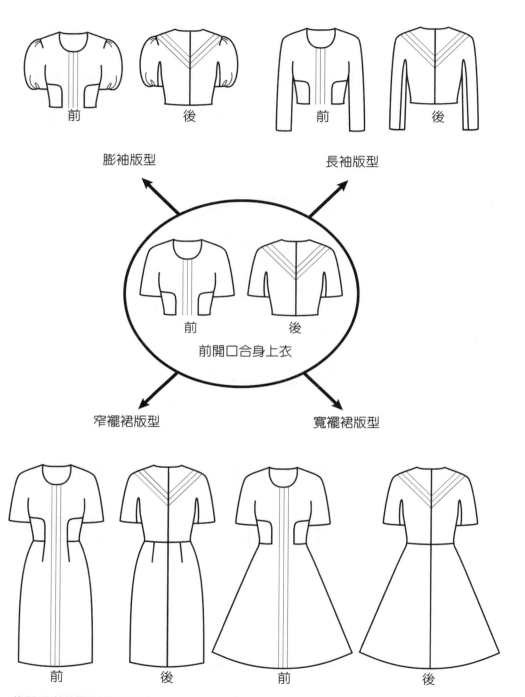

圖5-5　後開口洋裝版型搭配應用

基本袖型可以改變長短與寬窄（圖5-6），也可依所需的造型將版型褶份做扇形或平行開展（圖5-7）。基本袖型的版型改變與搭配應用，不會改變一片構成的版型架構。

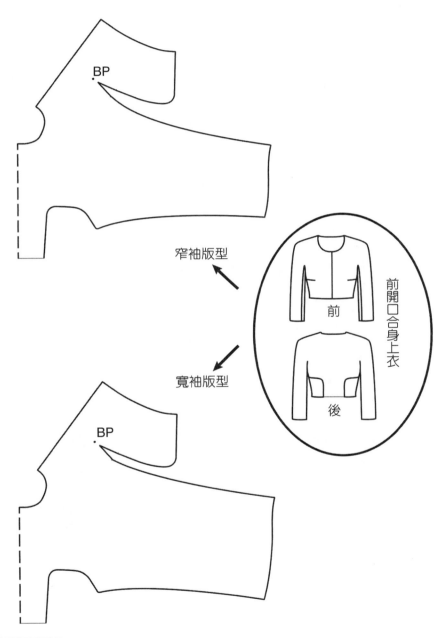

圖5-6　袖長版型變化

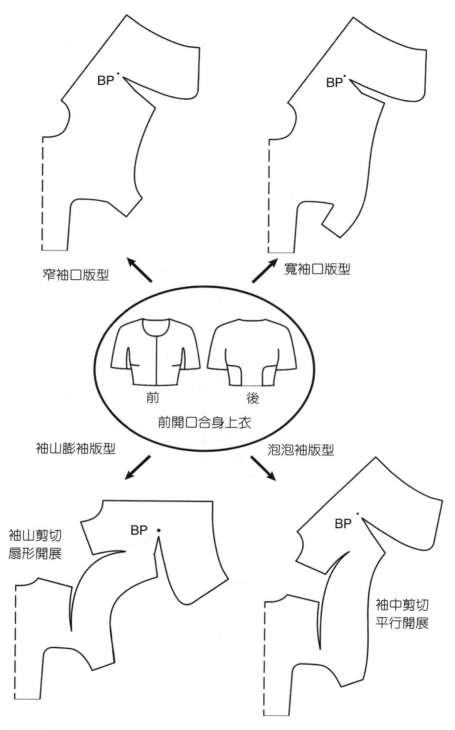

圖5-7　袖寬版型變化

基本窄襬裙型為合身的款式，與基本合身上衣組合，腰褶份必須以尖褶線呈現。如欲簡化為一條裁剪線，需使用合併轉移的方式處理（圖5-8）。

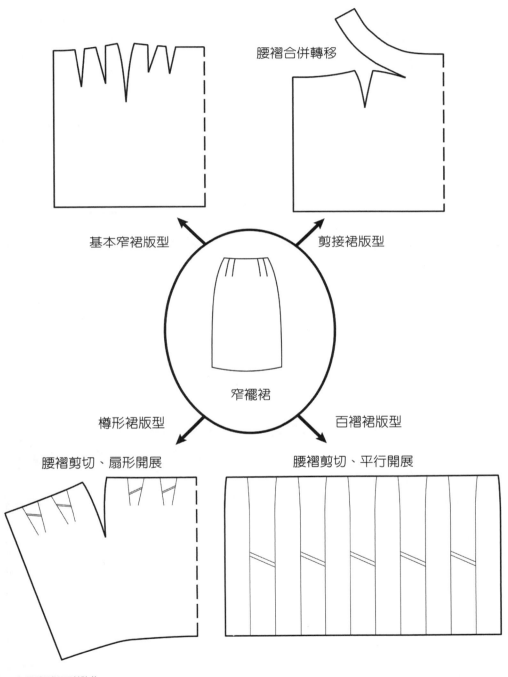

腰褶合併轉移

基本窄裙版型　　　　　　剪接裙版型

窄襬裙

樽形裙版型　　　　　　百褶裙版型

腰褶剪切、扇形開展　　　　腰褶剪切、平行開展

圖5-8　窄襬裙版型變化

寬襬裙型的腰褶份可以經由合併轉移的方式轉換為裙襬展開份，在款式設計上更容易簡化裁剪線條（圖5-9）。

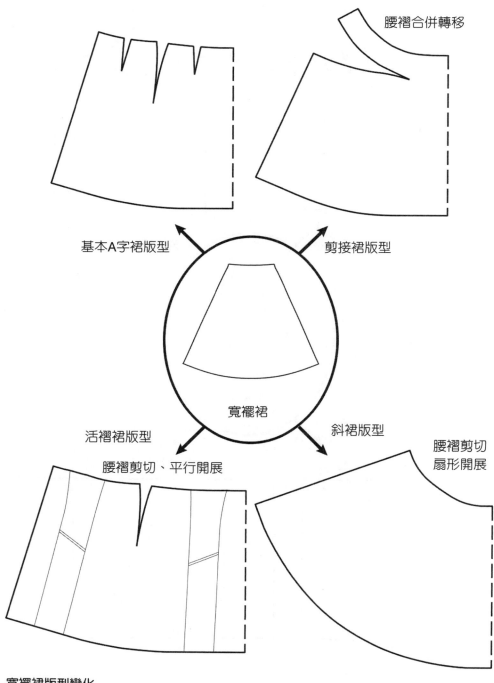

腰褶合併轉移

基本A字裙版型

剪接裙版型

寬襬裙

活褶裙版型

斜裙版型

腰褶剪切、平行開展

腰褶剪切
扇形開展

圖5-9　寬襬裙版型變化

二、窄裙洋裝

後開口合身上衣版型（圖4-15）與窄裙版型（圖2-13）組合，以腰線相連裁剪成為洋裝版型（圖5-10、圖5-11）。

後開口合身上衣

窄裙

圖5-10　窄裙洋裝

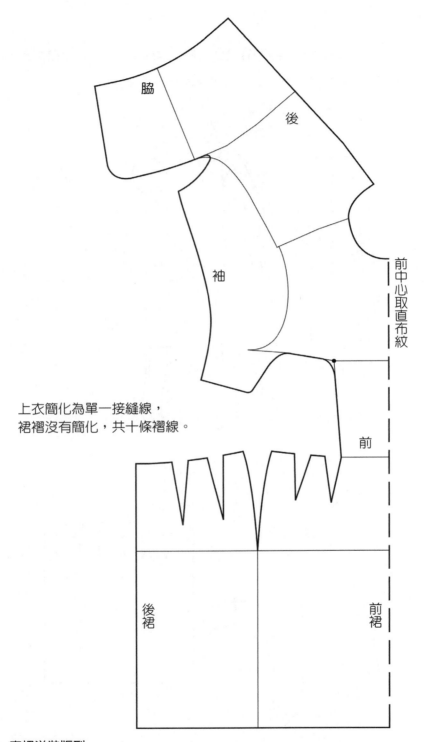

脇

後

前中心取直布紋

袖

上衣簡化為單一接縫線，
裙褶沒有簡化，共十條褶線。

前

後裙

前裙

圖5-11　窄裙洋裝版型

三、Ａ字裙洋裝

　　後開口寬袖口上衣版型（圖4-16）與Ａ字裙版型（圖2-14）組合，以腰線相連裁剪成為洋裝版型（圖5-12、圖5-13）。

後開口寬袖口上衣　　　　　　　　Ａ字裙

圖5-12　Ａ字裙洋裝

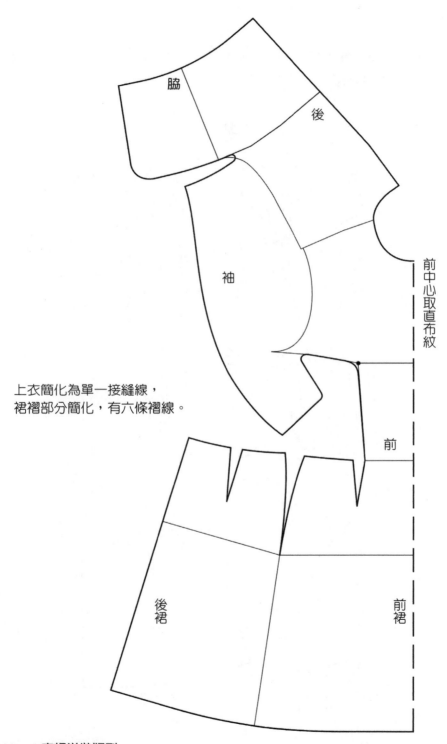

脇

後

袖

前中心取直布紋

上衣簡化為單一接縫線，
裙褶部分簡化，有六條褶線。

前

後

後
裙

前
裙

圖5-13　Ａ字裙洋裝版型

四、變化剪接洋裝

　　將裙褶轉換為橫向剪接線的版型（圖4-24、圖4-25），洋裝的輪廓造型不變，但是接縫線變得簡潔，製作工序也減少（圖5-14、圖5-15）。

上衣簡化為單一接縫線，
裙褶簡化為橫向剪接線，
裙側有一條脅褶線。

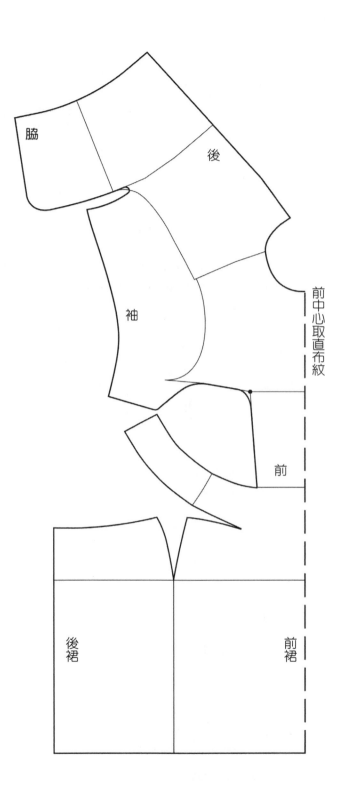

脅

後

袖

前中心取直布紋

前

後裙

前裙

圖5-14　剪接窄裙洋裝

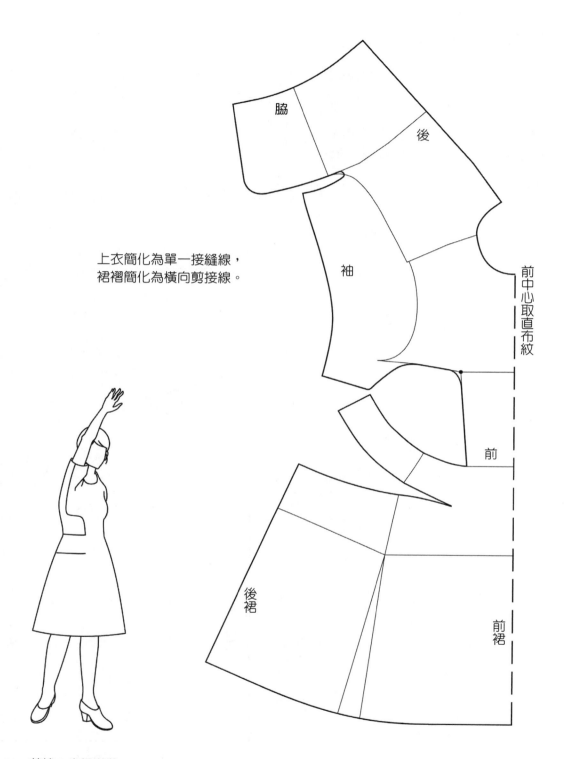

上衣簡化為單一接縫線，
裙褶簡化為橫向剪接線。

脇

後

袖

前中心取直布紋

前

後裙

前裙

圖5-15　剪接Ａ字裙洋裝

五、樽形裙洋裝

前開口合身上衣版型（圖4-14）與一片構成樽形裙版型（圖4-23）組合，以腰線相連裁剪成為洋裝版型（圖5-16、圖5-17）。

前開口合身上衣　　　　　樽形裙

圖5-16　樽形裙洋裝

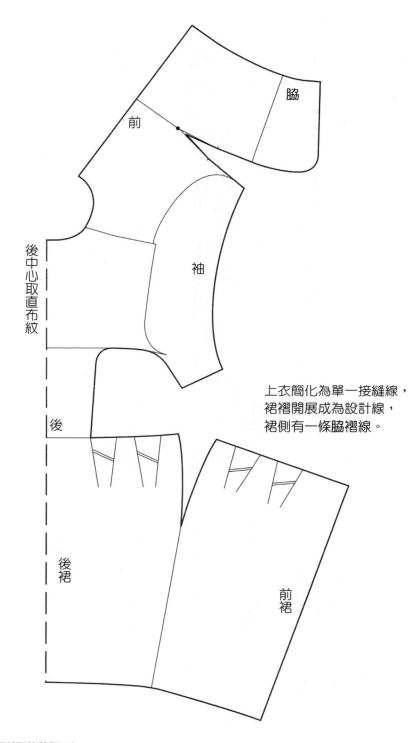

脇

前

後中心取直布紋

袖

後

上衣簡化為單一接縫線，
裙褶開展成為設計線，
裙側有一條脇褶線。

後裙

前裙

圖5-17　樽形裙洋裝版型

六、褶裙洋裝

前開口窄袖上衣版型（圖4-20）與褶裙版型（圖2-16）組合，以腰線相連裁剪成為洋裝版型（圖5-18、圖5-19）。

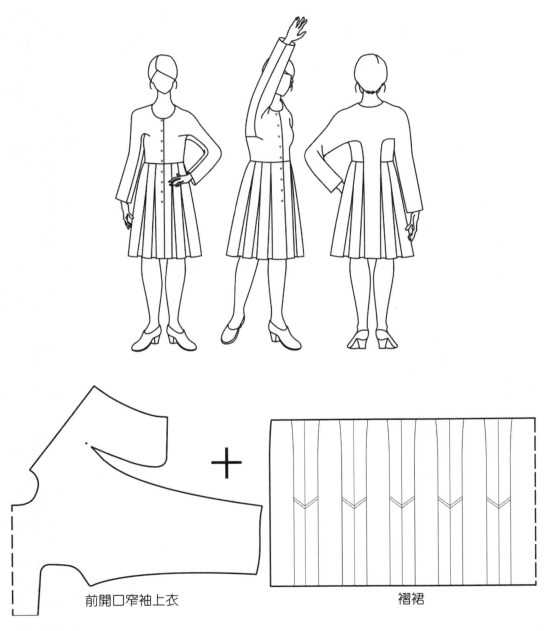

前開口窄袖上衣　　　　　褶裙

圖5-18　褶裙洋裝

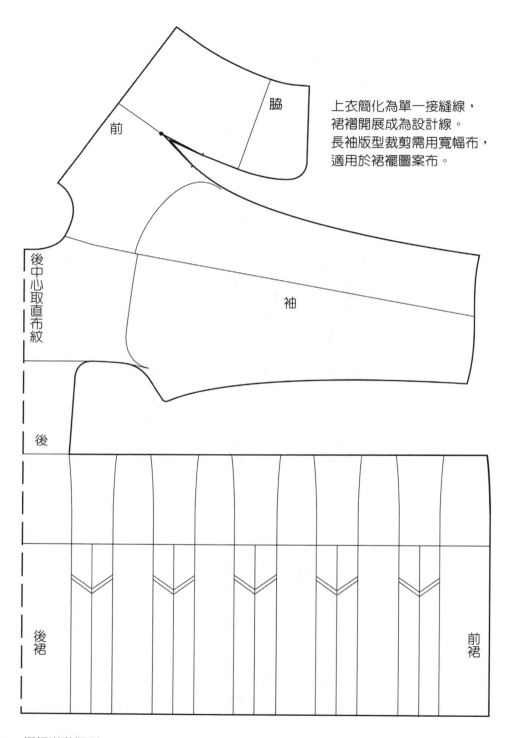

脇

前

上衣簡化為單一接縫線，
裙褶開展成為設計線。
長袖版型裁剪需用寬幅布，
適用於裙襬圖案布。

後中心取直布紋

袖

後

後裙

前裙

圖5-19　褶裙洋裝版型

七、變化斜裙洋裝

後開口泡泡袖上衣版型（圖4-18）與一片構成斜裙版型（圖4-22）組合，以腰線相連裁剪成為洋裝版型（圖5-20、圖5-21）。

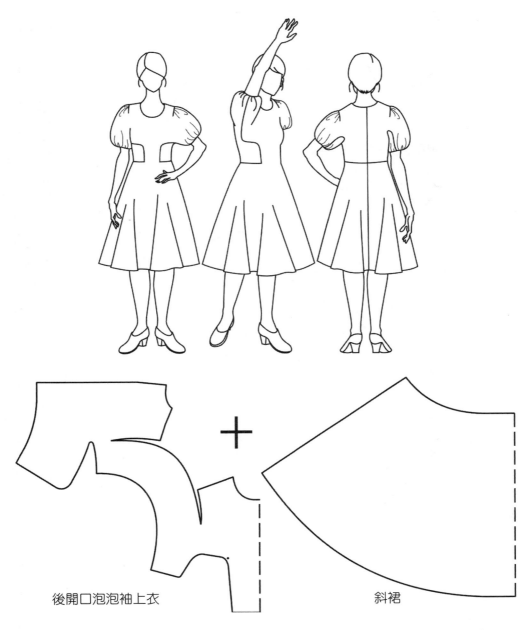

後開口泡泡袖上衣　　　　　　　　斜裙

圖5-20　斜裙洋裝

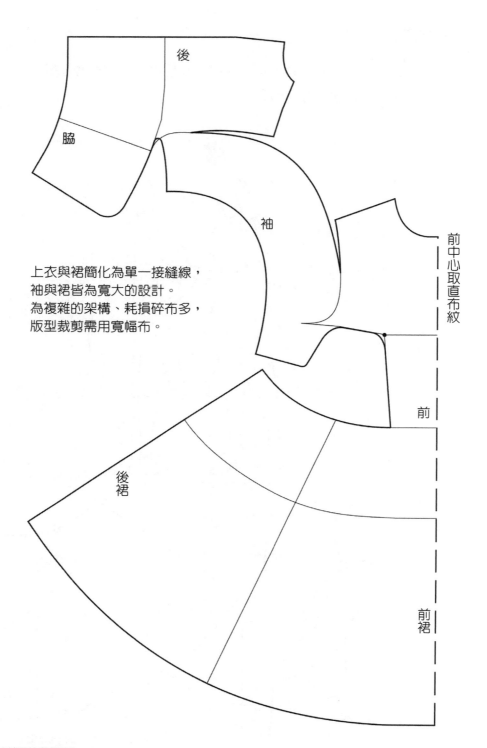

上衣與裙簡化為單一接縫線，
袖與裙皆為寬大的設計。
為複雜的架構、耗損碎布多，
版型裁剪需用寬幅布。

圖5-21　斜裙洋裝版型

八、連身直筒褲

　　常用為工作服的連身褲裝版型經簡化裁剪線後，可成為二片構成的結構。使用後開口合身上衣版型（圖4-15）與二片構成寬管褲版型（圖2-29）組合為連身直筒褲版型（圖5-22、圖5-23）。

後開口合身上衣

　　　　　＋

二片構成寬管褲

圖5-22　連身直筒褲

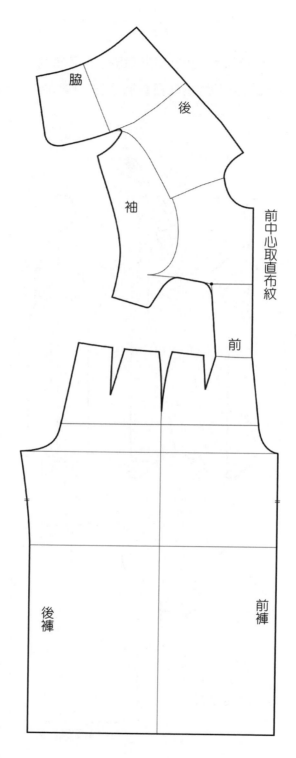

脇

後

袖

前中心取直布紋

前

後褲

前褲

圖5-23　連身直筒褲版型

九、連身窄褲

前開口合身上衣版型（圖4-14）與一片構成合身褲版型（圖4-26）組合為一片構成的連身窄褲版型（圖5-24、圖5-25）。

前開口合身上衣

一片構成合身褲

圖5-24　連身窄褲

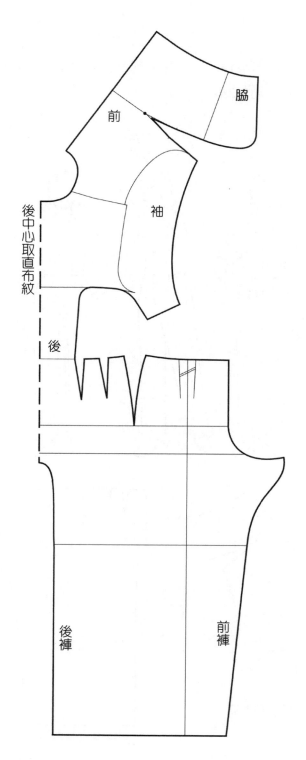

脇

前

袖

後中心取直布紋

後

後褲

前褲

圖5-25　連身窄褲版型

十、連身變化剪接褲

　　將腰褶轉換為橫向剪接線，使縫線簡潔、製作工序減少，連身褲輪廓造型不變，成為完全合身一片構成立體結構連身褲版型（圖5-26、圖5-27）。

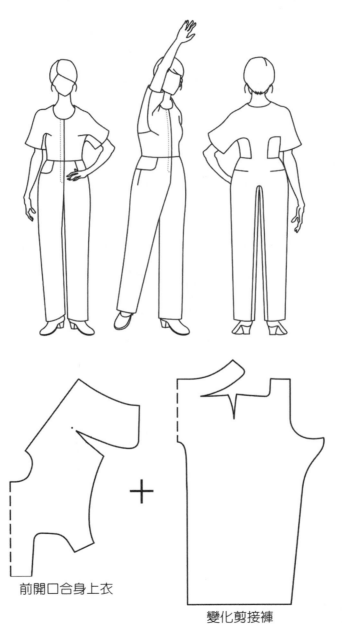

前開口合身上衣

變化剪接褲

圖5-26　連身變化剪接褲

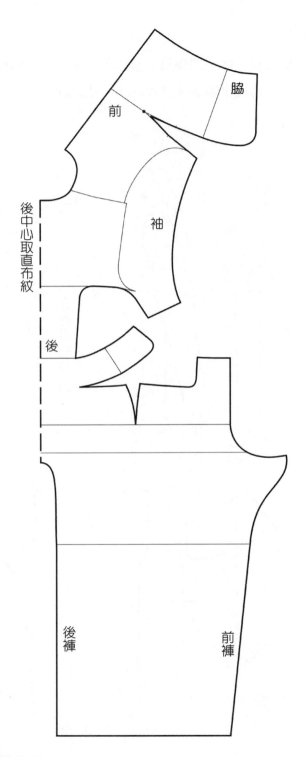

圖5-27　連身變化剪接褲版型

十一、連身裙褲

　　依照斜裙將褶份轉換成為裙襬下方開展的方式，將腰褶合併轉移成為褲襬開展的裙褲款式，可成為一片結構、只有三條接縫線的連身裙褲版型（圖5-28、圖5-29）。

前開口合身上衣

切展一片構成褲

圖5-28　連身裙褲

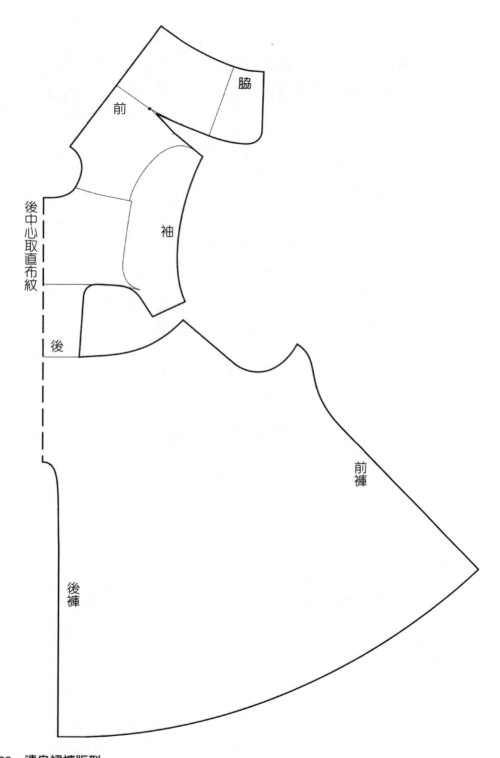

脇

前

後中心取直布紋

袖

後

前褲

後褲

圖5-29　連身裙褲版型

十二、連身寬襬裙褲

　　後開口合身上衣版型（圖4-15）與寬襬褲版型（圖2-34）組合為二片構成的連身寬襬裙褲版型（圖5-30、圖5-31），褲襬的開展份量比一片構成版型更大。

後開口合身上衣

寬襬褲

圖5-30　連身寬襬裙褲

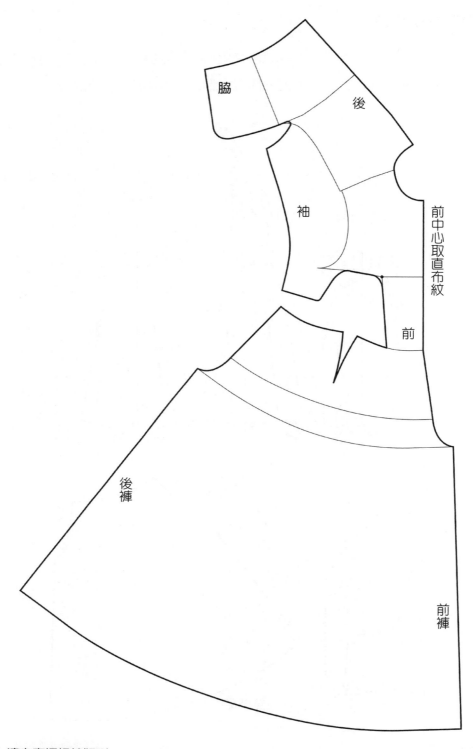

脇

後

袖

前中心取直布紋

前

後褲

前褲

圖5-31　連身寬襬裙褲版型

第二節　一片構成版型的結構差異

　　簡化服裝版型裁剪線的最高效益為版型方法適用於大部分日常服裝的款式設計，並可以量產、降低製造成本、避免資源浪費；版型裁剪可保持布料圖案、紋路的完整性並節省用料；生產者可簡化製作的工序、降低車工技術的需求；穿著者有最佳合身度與適應身體動作的機能性，以減輕承受衣服的重量。

　　每一種裁剪法都有其優勢與限制，例如「單接縫裁剪版型」對於上述目標都能達成，是極佳的裁剪版型，但是衣袖相連裁剪會使袖長因為布寬受到限制，前後脅線相連裁剪會使衣襬圍度受到限制，「無法做出像圓裙的寬襬式樣」[1]。「簡化裁剪線合身版型」延續「單接縫裁剪版型」的優勢，可以單一裁片裁剪出涵蓋衣、袖、寬襬裙、褲等複雜架構的版型，也突破衣襬圍度的限制。但是，長袖與圓裙版型仍受限於布寬，且涵蓋的架構愈複雜，裁剪時耗損的碎布空隙愈大。

　　將相同款式、尺寸的服裝，設定最高目標要求，以最少裁片與裁剪線來作為版型範例，使用不同裁剪構成法繪製出兩款版型，套疊比較說明版型結構的要點，就容易了解不同裁剪構成法版型之間的差異，若能交互運用、互補長短，對於版型結構的精進會有很大的助益。

一、上衣款式

　　傳統的服裝結構上衣版型以衣、袖多裁片方式做剪接車合，衣服的合身度要求愈高，裁片數就會愈多（圖5-32）。一片構成的上衣版型以前後身肩線相連裁剪、連袖的方式簡化裁剪線，相同輪廓外觀的襯衫以不同的裁剪構成法繪製，結構線呈現不同的走向，前身片或後身片的布紋紋路會呈現斜紋（圖5-33、圖5-34）。

　　單接縫裁剪襯衫版型（圖5-35）在前身增加一條橫向剪接線，使版型在脅線處可以相連裁剪，前身片與後身片都呈現直紋方向。這樣的裁切方式無法做出腰部合身線條，這也是衣襬圍度尺寸受到限制的原因；但是在襯衫版型不需增加衣襬圍度的前提下，反而變成裁剪時節省用布量的優勢。

1　參見施素筠，《立體簡易裁剪的應用與發展》（台北：雙大出版社，1993），頁53~54。

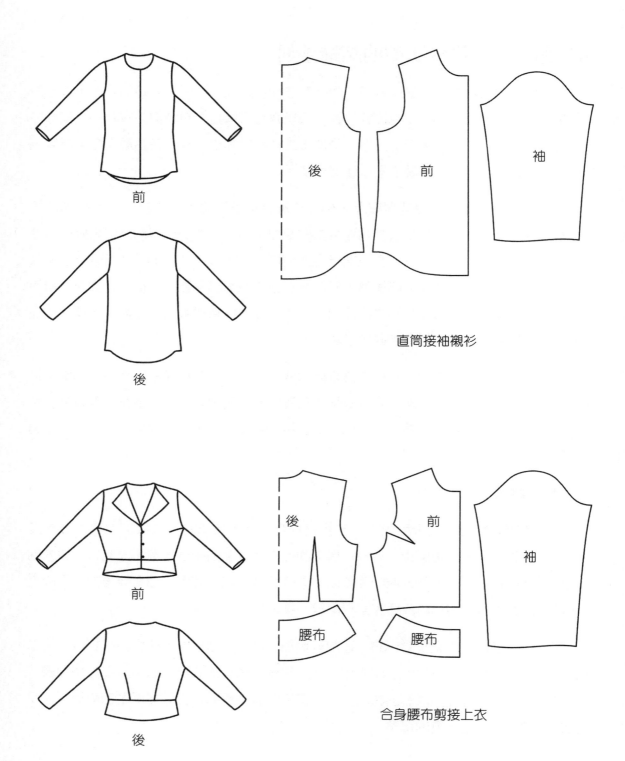

前

後

直筒接袖襯衫

前

後

合身腰布剪接上衣

圖5-32　傳統上衣結構版型

前

後

單接縫裁剪襯衫

袖

前

前

後

袖

後

運動學結構襯衫

圖5-33　一片構成的直筒襯衫版型

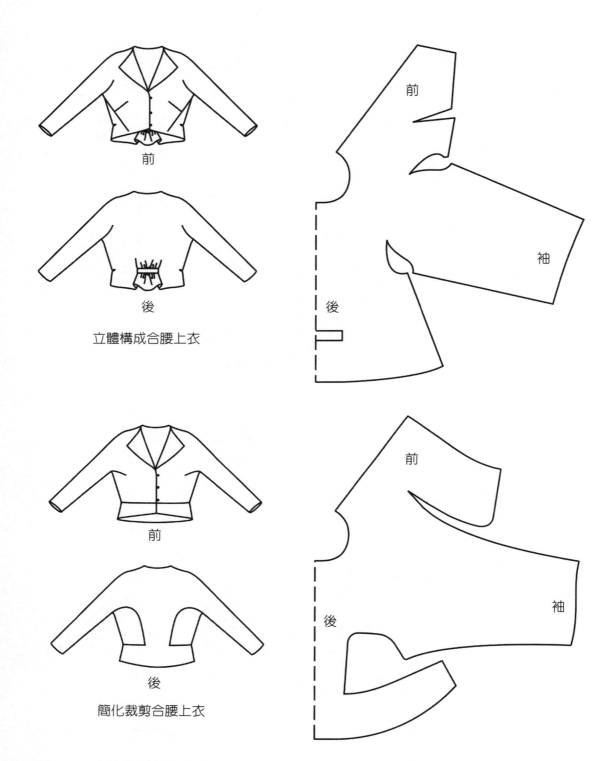

前

後

立體構成合腰上衣

前

袖

後

前

後

前

袖

後

簡化裁剪合腰上衣

圖5-34　一片構成的合腰上衣版型

單接縫裁剪襯衫前身的剪接線，使版型長度縮短，成為接近方形的裁片。將之與 Rickard Lindqvist的襯衫版型設定為相同的衣袖長度套疊比較，單接縫裁剪襯衫版型用布量可少三分之一，裁片也保持較佳的完整性，接縫曲線與布料耗損的碎布空隙相對少很多（圖5-36）。這兩款襯衫版型並未以凸顯腰線為考量，因此沒有腰褶線的設計。

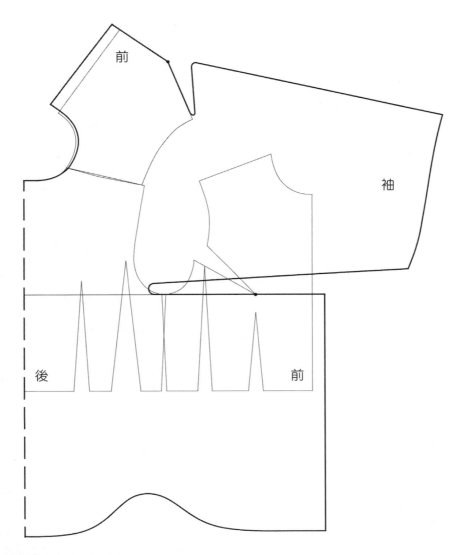

圖5-35　單接縫裁剪的襯衫版型

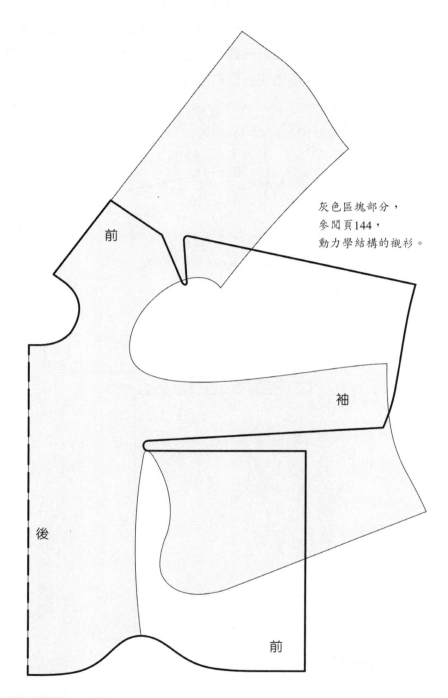

灰色區塊部分，
參閱頁144，
動力學結構的襯衫。

前

後

袖

前

圖5-36　一片構成的襯衫版型比較

簡化裁剪為針對合身服裝的打版方法，裁剪目標為凸顯身體的曲線，因此無法做出一般襯衫直線輪廓的裁剪樣式（圖5-37）。與Sheila Brennan立體一片構成的上衣版型設定為相同的衣袖長度套疊比較，兩者的用布量相近，簡化裁剪裁片的完整性較佳，接縫線與合身度都較為簡潔俐落（圖5-38）。

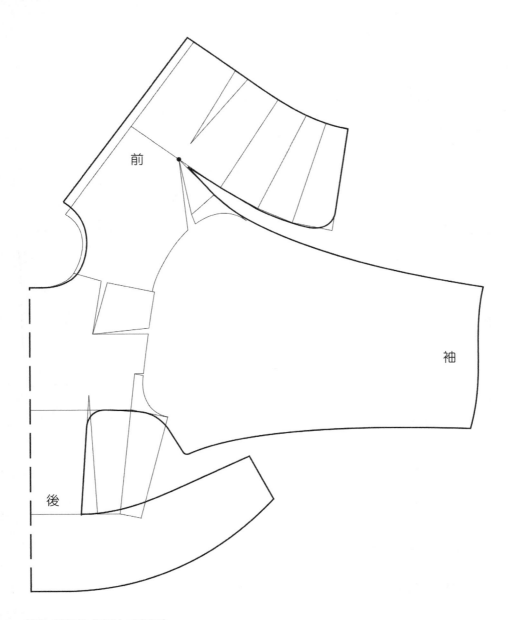

前

後

袖

圖5-37　簡化裁剪的合腰上衣版型

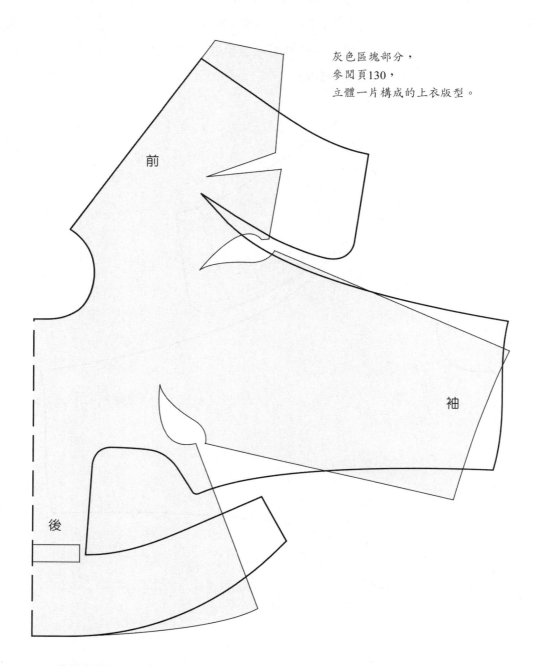

灰色區塊部分，
參閱頁130，
立體一片構成的上衣版型。

前

袖

後

圖5-38　一片構成的合腰上衣版型比較

二、窄襬裙洋裝款式

Myunghee Lee的一片構成紡錘型合身洋裝樣式為有裙腰布剪接線的設計，以簡化裁剪的結構方式來製作版型，上半身脇側裁片與下半身裙腰布都可以合併成為完整的區塊（圖5-39）。簡化裁剪線的洋裝版型上半身接縫線較為簡潔，布料耗損的碎布空隙相對較少（圖5-40）。

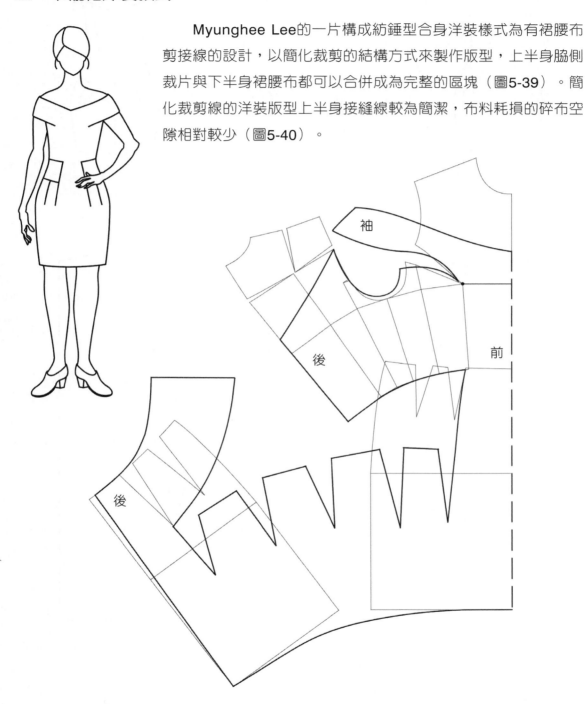

圖5-39　簡化裁剪的窄襬裙洋裝版型

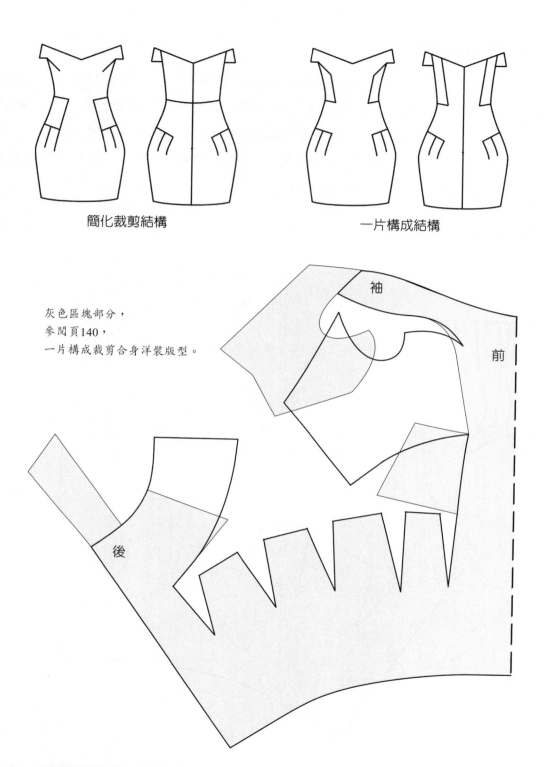

簡化裁剪結構　　　　　　　　　　　一片構成結構

灰色區塊部分，
參閱頁140，
一片構成裁剪合身洋裝版型。

袖

前

後

圖5-40　一片構成的窄襬裙洋裝版型比較

三、寬襬裙洋裝款式

寬襬斜裙洋裝是簡化裁剪突破傳統
打版法與單接縫裁剪限制的最佳版型實例
（圖5-41），只要單裁片、左右身各一條
接縫線即可製作完成（圖5-1）。

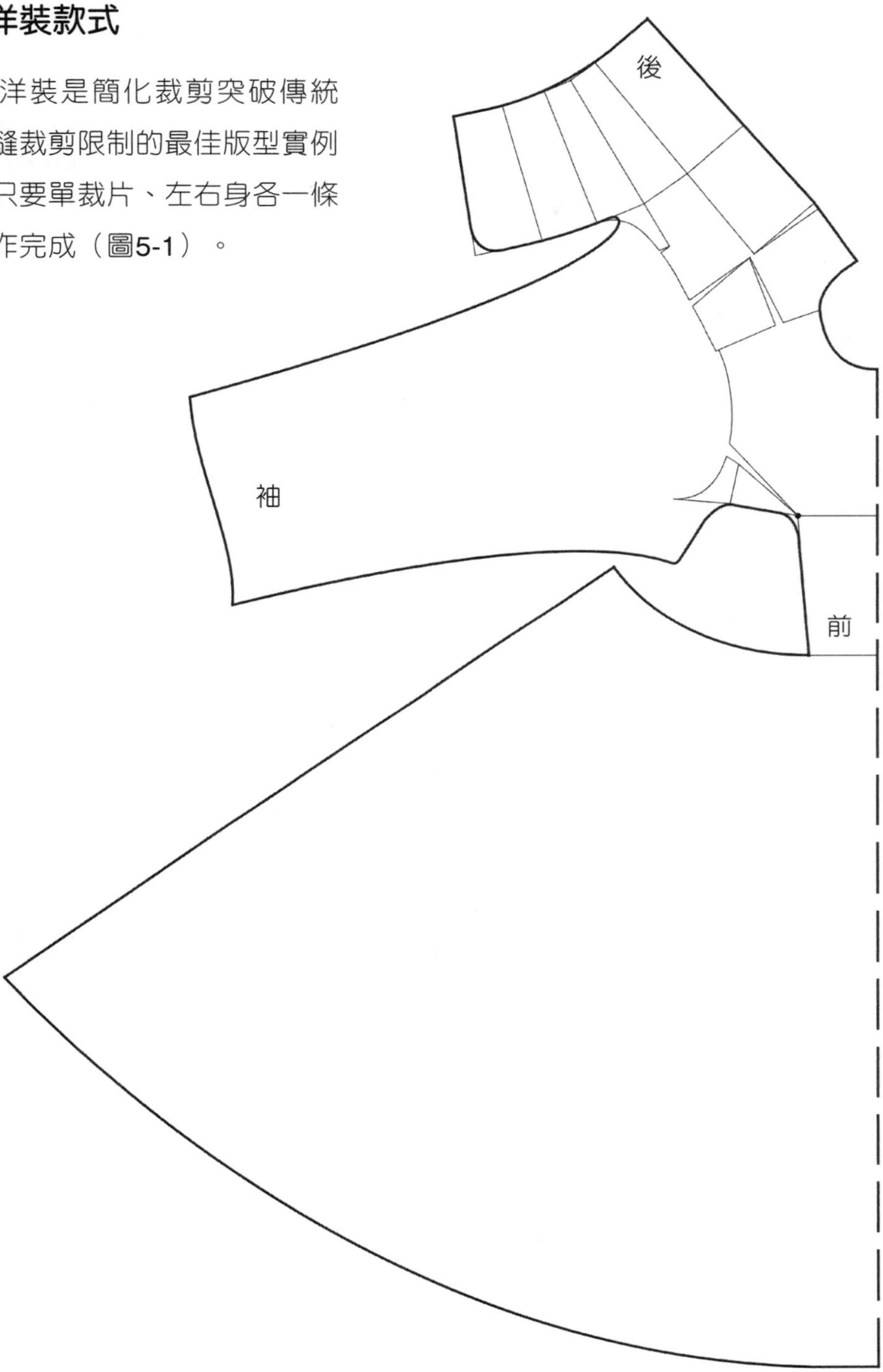

圖5-41 簡化裁剪的寬襬裙洋裝版型

與Rickard Lindqvist的洋裝呈現相同的輪廓外觀，簡化裁剪線的洋裝版型完整，用布量可少將近一半（圖5-42）。

灰色區塊部分，
參閱頁145，
運動學結構的合身洋裝版型。

簡化裁剪結構

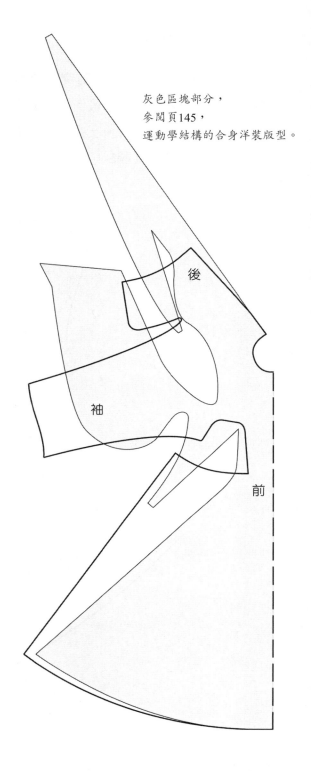

後

袖

前

運動學結構裁剪

圖5-42　一片構成的寬襬裙洋裝版型比較

四、連身褲裝款式

　　使用單接縫裁剪的結構方式來
製作連身褲版型，以單裁片、左右
身各一條接縫線即可製作完成（圖
5-43）。要做成合腰尺寸，必須依
照原型腰褶位置車縫四至八條的褶
份線。

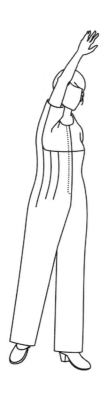

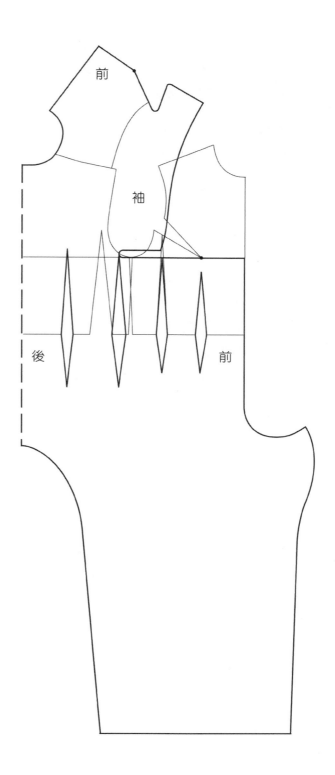

圖5-43　單接縫裁剪的連身褲裝版型

單接縫裁剪連身褲與簡化裁剪連身褲的版型套疊比較，兩款版型都是單裁片、左右身各一條結構線（圖5-44）。

　　單接縫裁剪連身褲版的結構剪接線為胸線，版型長度較短、布料耗損的碎布空隙少，為連身款式服裝最省布的裁剪法。但是，製作合身款式時需車縫多條褶線，整體鬆份大於簡化裁剪的連身褲版。

　　簡化裁剪連身褲版的結構剪接線為腰線，版型長度稍長、布料耗損的碎布空隙多。合身款式製作只需車縫一條褶線，整體合身度優於單接縫裁剪連身褲版。

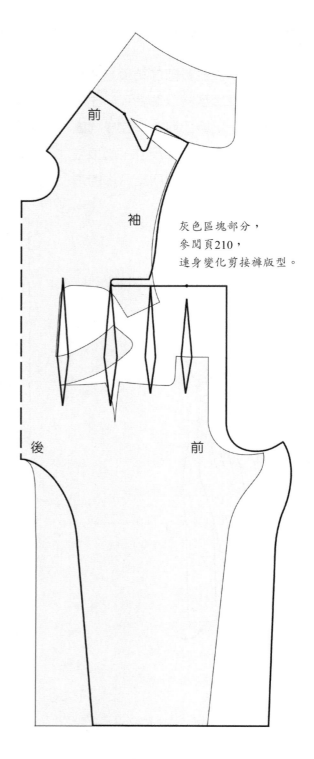

灰色區塊部分，
參閱頁210，
連身變化剪接褲版型。

圖5-44　一片構成的連身褲版型比較

五、假兩件多層次款式

單接縫裁剪可將布料作完全的利用，例如將假兩件式款式服裝以單裁片構成（圖5-45）。

Geneviève Sevin-Doering的一片構成自由切割裁剪連身裝是以立裁方式作出的複雜樣式版型，單接縫裁剪以平面裁剪的方式也可以製作出相同樣式的服裝版型（圖5-46）。

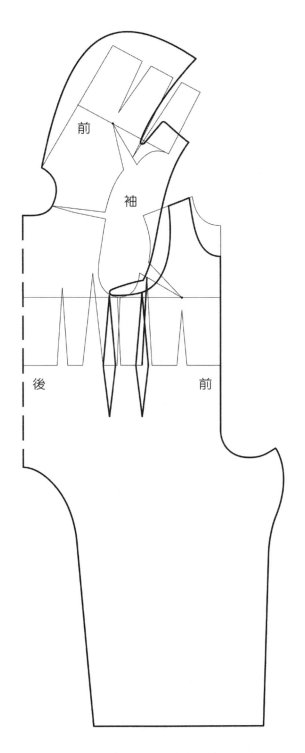

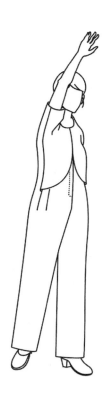

圖5-45　單接縫裁剪的假兩件褲裝版型

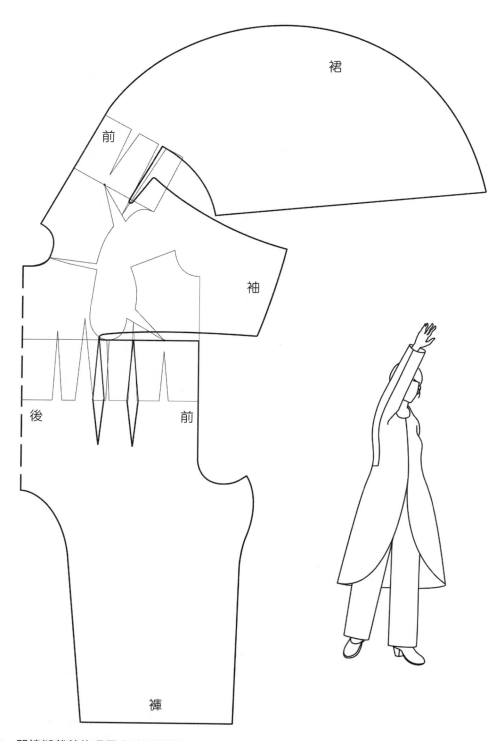

圖5-46　單接縫裁剪的多層次連身裝版型

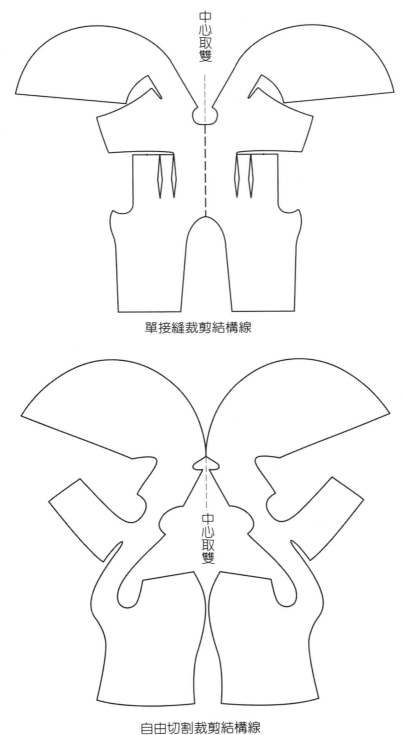

單接縫裁剪結構線

自由切割裁剪結構線

圖5-47 一片構成的多層次連身裝版型比較

這款多層次連身服裝將衣、袖、裙、褲全結合於一片裁片之中，就版型設計而言是極具技術的作品。單接縫裁剪的服裝版型上能保有裁片的完整性與較少的布料耗損碎布空隙，自由切割裁剪的服裝版型僅在前裙中心有極短的折雙線，裁片曲線多、布料耗損空隙大（圖5-47）。就款式設計與生產工序的效益來看，一片構成就不是最佳的選項。「簡化裁剪線」的目的為節省生產的工序提供一個新的方向，特別是針對合身款式的服裝；「簡化」的過程必須架構於合乎人體活動機能性的需求條件上，裁片一片構成非終極目標。每種裁剪方法都有其優缺點與限制，依所需求目的來選擇適合的裁剪打版方法，才是技術與學問的活用。

參考文獻

中文資料

小池千枝（2005），《文化服裝叢書7袖子》，台北：雙大出版社。

包銘新（2007），《西域異服：絲綢之路出土古代服飾藝術復原研究》，上海：東華大學出版社。

伊藤紀之著、王秀雄譯（1985），《服飾設計的基礎》，台北：大陸書店。

李少華（1986），《服飾演變的趨勢》，台北：藝風堂出版社。

李當岐（2005），《西洋服裝史》，北京：高等教育出版社。

林成子（無日期），《西洋服裝史》，台北：未出版。

洪素馨（2000），《世馨裁剪：構成原理與應用設計》，台北：洪素馨。

施素筠（1993），《立體簡易裁剪的應用與發展》，台北：雙大出版社。

施素筠（1979），《祺袍機能化的西式裁剪》，台北：大陸書店。

夏士敏（2015），《單接縫裁剪版型研究：施素筠教授的立體結構演繹》，高雄：夏士敏。

夏士敏（1994），《近代台灣婦女日常服演變之研究》，碩士論文，台北：中國文化大學。

庹武（2008），《服裝斜裁技術》，北京：中國紡織出版社。

許雪姬、吳美慧、連憲升、郭月如（訪問）、吳美慧（記錄）（2014），《一輩子針線，一甲子教
    學：施素筠女士訪問紀錄》，台北：中央研究院台灣史研究所。

新文化服裝函授學校（1996），《打版講座》，台北：雙大出版社。

葛俊康（2006），《衣身結構大全與原理》，上海：東華大學出版社。

蔡宜錦（2012），《西洋服裝史》，台北：全華圖書。

劉瑞璞、邵新艷、馬玲、李洪蕊（2009），《古典華服結構研究》，北京：光明日報出版社。

實踐家專服裝設計科編（1987），《文化服裝講座婦女服1》，台北：影清出版社。

外文資料

三吉滿智子（2000），《服裝造型學理論篇Ⅰ》，東京：文化出版局。

小野喜代司（1997），《パターンメーキングの基礎－体格・体型・トルソ－原型・アイテム原型・デザインパ》，東京：文化出版局。

キャロライン　キース（2014），《ドレーピング：完全講習本》，東京：文化出版局。

文化出版局（2003），《ミセスのスタイルブック　2003年初夏号》，東京：文化出版局。

文化出版局（2014），《誌上・パターン塾Vol.1：トップ編》，東京：文化出版局。

文化出版局（2016），《誌上・パターン塾Vol.2スカート編》，東京：文化出版局。

文化服裝學院編（2002），《西洋服裝史》，東京：文化出版局。

文化服裝學院ヴィオネ研究グループ 編（2003），《VIONNET　副読本》，東京：文化出版局。

月居良子（2015），《愛情いっぱい　手作りの赤ちゃん服》，東京：文化出版局。

Betty Kirke. (2012). *Madeleine Vionnet*. San Franciscot: Chronicle Books.

Gillian Vogelsang-Eastwood. (1993). *Pharaonic Egyptian Clothing*. Leiden: E.J.Brill.

Helen Joseph-Armstrong. (2006). *Patternmaking for Fashion Design, Fourth Edition*. New Jersey: Pearson Education, Inc.

Lee,M.H. (2010). *Stylized One-Cut Dress with Drop Shoulder*. 2014 SFTI International Conference & Invited Fashion Exhibition, Manila: pp. 77.

Rickard Lindqvist. (2015). *Kinetic Garment Construction: Remarks on the Foundations of Pattern Cutting*. Ph. D. thesis, Sydney: University of Borås.

Sheila Brennan. (2008). *One-piece Wearables: 25 Chic Garments and Accessories to Sew from Single-pattern Pieces/Sheila Brennan*. London: Quarry Books.

Sheila Landi & Rosalind M. Hall. (Nov.1979). *The Discovery and Conservation of an Ancient Egyptian Linen Tunic*. Studies in Conservation, 24(4): pp. 141–152.

網路資料

紹會秋（2012），新疆蘇貝希文化研究，網址：http://www.sinoss.net/qikan/uploadfile/2013/0415/20130415020204937.pdf。

黎珂、王睦、李肖、德金、佟湃（2015），褲子、騎馬與游牧——新疆吐魯番洋海墓地出土有襠褲子研究，網址：http://www.cssn.cn/kgx/zmkg/201505/P020150512395524744596.pdf。

維基百科，動力學，網址：https://zh.wikipedia.org/wiki/%E5%8B%95%E5%8A%9B%E5%AD%B8。

Geneviève Sevin-Doering, *UN VETEMENT AUTRE*. Retrieved from: http://sevindoering.free.fr/.

Hilde Thunem. (2014), *Viking Men: Clothing the legs*. Retrieved from: http://urd.priv.no/viking/bukser.html.

I. Marc Carlson. (2006), *Some Clothing of the Middle Ages*. Retrieved from: http://www.personal.utulsa.edu/~Marc-Carlson/cloth/bockhome.html.

I. Marc Carlson, *The Herjolfsnes Artifacts*. Retrieved from: https://translate.google.com.tw/translate?hl=zh-TW&sl=en&u=http://www.personal.utulsa.edu/~marc-carlson/cloth/herjback.html&prev=search.

ISSEY MIYAKE INC, *ISSEY MIYAKE INC.* Retrieved from: http://www.isseymiyake.com.

Julian Roberts, *Subtraction Cutting by Julian Roberts*. Retrieved from: http://subtractioncutting.tumblr.com.

Julian Roberts, *Subtraction Pattern Cutting with Julian Roberts*. Retrieved from: http://thecuttingclass.com/post/65052582315/subtraction-pattern-cutting-with-julian-roberts.

Julian Roberts, *FREE CUTTING*. Retrieved from: http://vk.com/doc84917270_371271066?hash=fc69cf0249c03c4317&dl=2530f360fe6f96aa90.

Natalya V. Polosmak. (2015), *A Different Archaeology Pazyryk culture: a snapshot, Ukok*, 2015. Retrieved from: http://scfh.ru/files/iblock/3c0/3c0ea793f4805e57510e112bdb23da76.pdf.

National Museum of Denmark, *Bronzealderens dragter*. Retrieved from: http://natmus.dk/historisk-viden/danmark/oldtid-indtil-aar-1050/livet-i-oldtiden/hvordan-gik-de-klaedt/bronzealderens-dragter/.

National Museum of Denmark, *Kvindens dragt i bronzealderen*. Retrieved from: http://natmus.dk/historisk-viden/danmark/oldtid-indtil-aar-1050/livet-i-oldtiden/hvordan-gik-de-klaedt/bronzealderens-dragter/kvindens-dragt-i-bronzealderen/.

Russell Scott, *The Vikings basic kit guide*. Retrieved from: http://www.colanhomm.org/OriginalBasicKitGuide.pdf.

Shelagh Lewins. (2006), *Trousers from the Thorsbjerg Mose*. Retrieved from: http://www.shelaghlewins.com/reenactment/thorsbjerg_description/thorsbjerg_trews_description.htm.

Tasha Dandelion Kelly, *The piecing of the Charles de Blois pourpoint*. Retrieved from: http://cottesimple.com/articles/cut-to-pieces/.

UCL NEWS. (2016), *UCL Petrie Museum's Tarkhan Dress: world's oldest woven garment*. Retrieved from: https://www.ucl.ac.uk/news/news-articles/0216/150216-tarkhan-dress.

Vogue Patterns, *VOGUE PATTERNS INDIVIDUALIST 2056 ISSEY MIYAKE*. Retrieved from: https://voguepatterns.mccall.com.

國家圖書館出版品預行編目資料

簡化裁剪線版型研究：化繁為簡的想像力／夏
士敏著. -- 二版. -- 臺北市：五南圖書出版
股份有限公司, 2022.04
　　面；　公分
　ISBN 978-986-522-996-2（平裝）

1.CST: 服裝設計

423.2   110012021

1Y60

簡化裁剪線版型研究：
化繁爲簡的想像力(第二版)

作　　者 ― 夏士敏

責任編輯 ― 唐　筠

文字校對 ― 許馨尹、黃志誠

封面設計 ― 王麗娟

發 行 人 ― 楊榮川

總 經 理 ― 楊士清

總 編 輯 ― 楊秀麗

副總編輯 ― 張毓芬

出 版 者 ― 五南圖書出版股份有限公司

地　　址：106臺北市大安區和平東路二段339號4樓

電　　話：(02)2705-5066　　傳　　真：(02)2706-6100

網　　址：https://www.wunan.com.tw

電子郵件：wunan@wunan.com.tw

劃撥帳號：01068953

戶　　名：五南圖書出版股份有限公司

法律顧問　林勝安律師事務所　林勝安律師

出版日期　2017年4月初版一刷
　　　　　2022年4月二版一刷

定　　價　新臺幣450元

經典永恆·名著常在

五十週年的獻禮——經典名著文庫

五南，五十年了，半個世紀，人生旅程的一大半，走過來了。

思索著，邁向百年的未來歷程，能為知識界、文化學術界作些什麼？

在速食文化的生態下，有什麼值得讓人雋永品味的？

歷代經典·當今名著，經過時間的洗禮，千錘百鍊，流傳至今，光芒耀人；

不僅使我們能領悟前人的智慧，同時也增深加廣我們思考的深度與視野。

我們決心投入巨資，有計畫的系統梳選，成立「經典名著文庫」，

希望收入古今中外思想性的、充滿睿智與獨見的經典、名著。

這是一項理想性的、永續性的巨大出版工程。

不在意讀者的眾寡，只考慮它的學術價值，力求完整展現先哲思想的軌跡；

為知識界開啟一片智慧之窗，營造一座百花綻放的世界文明公園，

任君遨遊、取菁吸蜜、嘉惠學子！